名著文库的读者朋友们：

　　为自己读书，是最对得起付出的事！

　　抽出一点儿时间，读读好书吧！

梁晓声
2023年9月25日
北京

中学生课程化
名著文库

昆虫记

[法] 亨利·法布尔◎著

富强◎译

陕西师范大学出版总社

图书代号 WX24N0209

图书在版编目（CIP）数据

昆虫记 /（法）亨利·法布尔著；富强译 . — 西安：
陕西师范大学出版总社有限公司，2024.6
（中学生课程化名著文库 / 王笑东主编）
ISBN 978-7-5695-3813-7

I.①昆… II.①亨… ②富… III.①昆虫学－青少年
读物 IV.① Q96-49

中国国家版本馆 CIP 数据核字（2023）第 154292 号

昆虫记

KUNCHONG JI

［法］亨利·法布尔 著 富 强 译

出 版 人	刘东风	
特约编辑	林 丽	
责任编辑	王淑燕	
责任校对	彭 燕	
封面设计	王 鑫	
出版发行	陕西师范大学出版总社	
	（西安市长安南路 199 号 邮编 710062）	
网 址	http://www.snupg.com	
印 刷	天津旭丰源印刷有限公司	
开 本	787 mm×1092 mm 1/16	
印 张	12	
字 数	188 千	
版 次	2024 年 6 月第 1 版	
印 次	2024 年 6 月第 1 次印刷	
书 号	ISBN 978-7-5695-3813-7	
定 价	29.80 元	

CONTENTS

第一章　我的学校

　　好多人认为一个人的性格、才能和爱好是先天形成的，遗传是主要的成因。对于这种智慧来自祖先的说法，我不完全赞同。我想通过我个人的经历来说明，我的性格和对昆虫痴迷的爱好并不是继承自我的哪个祖先。

　　对于我的外祖父和外祖母来讲，他们对昆虫没有半点好感。我对我的外祖父没有什么印象，也了解不多，只是知道他曾经过着非常苦的日子。至于他与昆虫之间能发生什么事情的话，我觉得顶多是前者不小心将后者踩死。外祖母是地地道道的家庭主妇，她每天忙于应付家务，并且不识字，所以不会去对昆虫之类的产生兴趣。她可能在洗菜的时候会发现上面有一只昆虫，不过，她应该不会拿回屋里仔细观察，而会直接扔掉。

　　我对祖父母比较了解，因为我小的时候家里太穷，父母无法维持生计，便把我送到了祖父母那里去生活，当时我只有五六岁。祖父母的家在一个偏僻的小村庄里，他们都是文盲，从没翻过一本书。祖父整日下地劳作，还养了一些牲畜。他对这些牛呀、羊呀了解得比较多，除此之外，就再也不知道什么了。如果他知道有人整天跟在几只小虫子后面观察研究的话，他肯定会认为这个人疯了，如果他知道这个人并不是别人，而是他的小孙子的话，他肯定遏制不住要给我一个巴掌。在他眼里，这可能是最不学无术的行为了。

祖母是个勤奋而又慈祥的人，她整日忙着操持家务，洗衣服、做饭、纺纱、喂鸭子、做点心等，一刻也不肯歇着。

到了晚上，她会在炉火旁边给我讲故事。她的故事中经常会出现一只狼，还有一个勇敢的英雄。虽然我在现实生活中找不到这只狼，也没见过这个英雄，但我还是深深地为这个故事着迷。我的祖母对我的影响很大，比如说，帮助我消除忧伤，培养良好的工作习惯，培养了我坚毅的性格。但是，她并没有培养我对昆虫的热爱。

我的父母对昆虫也是一无所知，没有半点兴趣。母亲没有上过学，父亲虽然接受了两年教育，但他只会简单的读写。他们为了维持生计，不得不整天拼命地工作，连休息的时间都少得可怜，更不用说什么观察动物了。如果你要问他对我研究昆虫有什么看法的话，我会记起那件事情：当时我正在玩弄一只昆虫，最后决定将它用钉子钉在墙上。父亲从一旁走过，看到我把木墙扎了一个洞，二话没说，就给了我一拳。

我从很小的时候，就养成了对任何事物抱有怀疑的习惯。其中有一件事，我记忆犹新。我当时五六岁，光着脚跑到野外去玩耍。我还记得脚下那些粗糙的石子，和系在腰间的手帕。我的手帕经常丢，所以就不再放入口袋，而是系在腰间。其实我也不怎么用，当有需要的时候，大部分是用袖子代替手绢。

当时太阳照在我的脸上，我觉得非常温暖、非常陶醉。我在享受阳光的时候，不禁想到一个问题：阳光让我们身上每一个器官都感到很舒服，那么，我们身体上哪个器官能感受到这些阳光呢？请大家不要笑我幼稚，我当时轮番用眼睛、鼻子、嘴巴等器官去感受太阳光，在用嘴时，便屏住呼吸，闭上眼睛；在用眼睛时，则闭上嘴。最后我发现，能感受到阳光的是眼睛，而且只有眼睛。我为自己的发现兴奋不已。等到了晚上，我把这个发现得意地说了出来。结果可想而知，众人被我逗得笑趴在了地上。

记得还有一次，当时是黑夜，我们一群人在树林里玩耍，突然，传来了一阵柔美的音乐，我立刻被吸引住了。是什么在叫？是小鸟还是小虫？其他人说可能是一只狼，我们仔细辨别了一下，这个声音是从那堆木头后面发出来的，于是我就守在那里，希望见一见只在祖母故事中出现过的狼。我守了大半天，结果什么也没出现。

第二天、第三天我又去守望，想搞清楚这个声音到底是谁发出的，是不是狼发出的。我的付出获得了回报，原来这位歌唱家并不是狼，也不是鸟，而是一只蚱蜢。尽管蚱蜢的腿非常鲜美，但是，我守了三天只获得了两根又小又细的蚱蜢腿，好像有点不值。不过我并不这么认为，我觉得自己最大的收获不是蚱蜢腿，而是通过自己的努力增长了知识。我知道了蚱蜢也会唱歌，而且十分动听。但这次我没有告诉别人，我怕他们再趴在地上笑我。

有许多漂亮的花绽放在我们的房子旁边，这些花就像是一张张脸，朝着我们甜甜地笑。再后来，等花谢掉之后，那里长出了一堆堆的"樱桃"。这些"樱桃"又大又红，我忍不住摘了几颗放到嘴里。味道并没有看上去那么好吃，而且果肉内没有核，它们到底是不是樱桃，是什么品种的樱桃，这些问题都留在了我的脑子里。夏天就要过去的时候，祖父用铁锹把这里的泥土都翻了一遍，从中刨出了许多不规则椭圆形的根。我认识这种东西，这就是我们经常吃的马铃薯。我一下子明白了，原来这并不是樱桃树，我吃的当然也不是樱桃。这件事深深地印在了我的脑子里，至今没有忘记。

我对陌生的动植物就是这样的好奇，我的眼睛一刻也不停地发现、观察着新事物。我的研究对象包括花、叶、种子，各种虫子，等等。尽管我当时只有六岁，在别人眼中还是一个什么都不懂的孩子，但是，我有我自己的一套方法去怀疑、观察，这都是出自我对大自然的热爱。很明显，这种热爱并不是谁遗传给我的。

到了我七岁该上学的时候，我又回到了父母的身边。我觉得学校生活没有意思，不如自由自在地在大自然中快乐。我当时的老师正好是我的教父。我们那间教室勉强称得上是教室，除此之外，你也可以称它为厨房、餐厅、卧室，反正干什么都在这一间屋子里面。此外，这间教室里并不是只有学生，还有一些鸡行走在其间，有时候还用来圈猪。总之，它的用处实在是太多了。不过，在当时那个年代，学校基本上都是这样的。

这间屋子里有一张很宽的梯子，通过这个梯子可以爬到二楼上去。二楼有什么呢？我从来没有上去过，不过，我见过老师从上面取下喂驴的干草，还见过他从上面取下喂猪的马铃薯，我猜这可能是一间储藏室。

这间教室唯一的窗户朝南，又矮又小，能勉强钻过一个人。阳光通过这个窗户照进屋里的时候，屋里才显出一点生气。老师的桌子便在这个窗户下。通过窗口，你能看到大半个村落。

窗户对面的墙上有一个壁龛（kān）[1]，一把铜壶放在里面，闪闪发光的铜壶中装满了水，如果谁渴了的话，就自己去倒水喝。铜壶上面的架子上有几只闪闪发光的碗，那些碗不允许随便动，因为那是举办盛会的时候专用的。

教室的墙上挂满了图画，在太阳光投射到上面的时候，显得格外不协调。在一面墙上有个大壁炉，是用木料和石头建造的。现在这座壁炉成了一个简易的卧室，里面放着一个塞满糠（kāng）[2]的垫子，外面用两

---

[1] 壁龛：安置在墙壁内，用来供奉神佛的小阁子。

[2] 糠：谷物的皮或壳。

块可以滑动的木板做成门。这是主人两口子的卧室，在里面睡觉绝对舒服。到了冬天，任外面狂风吹，大雪飘，里面都非常安静、舒适。除此之外，教室里还堆放着一些杂物：三条腿的凳子、盛盐的陶罐、沉重的铁铲、破旧的风箱等。我们想取暖的话，就得自己带木柴来生火。

我们只是沾光而已，这个炉子的主要任务不是给我们取暖，而是煮猪食。老师和他的妻子会坐在最温暖的地方，我们则围着锅子而坐。锅里咕嘟咕嘟地煮着马铃薯，不断地往外冒着热气。有的人趁着老师不注意，偷偷地从锅里夹出一个马铃薯，然后夹在面包里吃掉。要是说学校教给我们什么的话，其中之一便是随时随地吃东西，无论是写字的时候，还是听课的时候，我们不是剥栗子便是啃面包。

除了吃东西和读书之外，我们还有其他乐趣。在教室的后门外有一个庭院，那里有老母鸡和它的小鸡仔，还有活泼的小猪。有人想溜出教室便会走后门，门被他们敞开之后，满屋的面包、马铃薯的香味就传到了后院。小猪被这些香味吸引过来，纷纷进入教室。当时我属于最低的一个年级，我们的位置在铜壶底下的靠墙边，小猪进门后首先便是要通过这里。小猪一边跑着，一边发出"呼哧呼哧"的声音，两颗眼珠子又黑又亮，粉红色的小鼻子凉凉的，卷着的小尾巴甩来甩去。它们用鼻子拱着我们，仿佛在问我们要吃的。很快，老师便过来把它们都赶了出去，把门狠狠地摔上。

说完了小猪，再来说说小鸡。小鸡仔经常跟着老母鸡来教室做客。我们大方地把面包搓下很多碎屑撒在地上，然后看它们一点一点地啄尽。

这就是我们的学校，我们在这里能学到些什么呢？像我一样年龄较小的学生，每人都会发一本小书。这本书的封面上画着一个十字架和一只鸽子，十字架是由字母按顺序拼成的，鸽子画得不敢恭维，只是一个看上去像鸽子的轮廓。我们学习主要就是靠这本书，老师会给我们讲解。教室里面高年级的学生问题比较多，老师顾不到我们这些小孩子，给我们一本书，只不过是让我们看上去像个学生而已。我们自己在座位上翻看着这些书，偶尔还会请教一下前面的高年级的同学，他们的水平也不怎么高，经常被我们难住。我们的上课时间被琐碎的小事打碎成无数片，一会儿小猪进来了，一会儿小鸡进来了，一会儿师母进来煮马铃薯，我们的注意力一次次地转移到这些事情上面，可想而知，学习一塌糊涂。

高年级的孩子会经常写字。他们就着从狭小窗户透进来的光，伏在教室里唯一的一张桌子上写字，这个位置是教室里面最优越的位置。教室里面有那么多杂物，但是没有什么教学设备，甚至连墨水都没有，所有文具都是自备。当时的文具盒是上下两层的纸板匣，上层用来放鹅毛笔，下层的格子里装着墨水，当时的墨水都是用烟灰和醋合成的。

我们的老师有一项绝技，那就是写花体字。他先把笔尖修成自己需要的模样，然后根据我们的要求，在纸的顶端写上好看的花体字。在写字的时候，他的手不停地抖动、打转、飞舞，一个个花一样美丽的字从笔尖下流淌出来。这些用红墨水写成的字在我们眼中简直就是一个奇迹，而创造奇迹的只不过是一支普通的笔。

我们当时学的最多的是法文，读的文章都是从《圣经》上摘录下来的段落。为了能够发音准确地唱好赞美诗，我们还拿出很长时间来学习拉丁语。

我们当时不知道什么"历史""地理"之类的东西。对于我们来说，地球是方的还是圆的，根本就无所谓。

至于语法，我估计我们老师自己都解决不了这个问题，所以干脆把这门课给取消了。

相对于"数学"来说，我更愿意把我们的那门课叫"算术"。因为我们只学一些加减乘除，还谈不上什么数学。每周最后一节课便是算术课，先是一个成绩优秀的学生起来把一些运算口诀背一遍，然后我们大家一起背一遍。与其说是在背，不如说是在吼，可能是因为这是每周最后一节课的原因吧，大家都很兴奋。如此洪亮的声音突然响起，往往会吓得教室里的鸡和猪迅速地跑出去。

有人说我们的老师很勤奋，学校管理得也不错。前者我同意，后者我不敢苟同。他整天都非常忙碌，他替别人看门，还有一个大鸽棚需要照顾，收干草、苹果、栗子和燕麦也都离不开他。他是如此忙，以至于不能拿出时间来好好教学。夏天的时候，他常常让我们帮他干活。那时候我们常常在干草堆上上课，有时候还会停课去帮他打扫鸽笼，清除雨后跑出来的蜗牛，等等。不过，我们并没有不高兴，反而很乐意做这些事情。

我们老师那双灵巧的手不仅会写花体字，还会剃头和打钟。我们这里的许多大人物的头都是我们老师剃的，比如市长、公证人还有牧师等。

在打钟方面，他也颇有造诣。每当他去教堂里面为婚礼或者洗礼[1]打钟的时候，我们就停课一天。暴风雨前也要打钟，为的是驱除雷电和冰雹，我们同样会得到一天假。

他还参加唱诗班[2]，还需要管理教堂顶上的钟，总之非常忙。去教堂阁楼上的钟房是他最愿意干的事情，除他之外没有人会到那个地方去。钟房里面有一个大匣子，里面装满了齿轮和零件，他非常愿意和这些零件待在一起。

我就在这样的环境中生活着。这样的老师、这样的教室，他们对我热爱昆虫的兴趣的培养没有起到任何作用。我不得不将昆虫暂时从我脑子中忘掉。但是，对昆虫的热爱早已埋伏在了我的血液里、我身体的每一寸肌肤里，它们随时会被唤醒。甚至我看到书的封面上那只不协调的鸽子都会联想到大自然，至于书里面的 ABC 我则没多大兴趣。那只鸽

---

[1] 洗礼：基督教的入教仪式，把水滴在受洗人的额上，或将受洗人的身体浸在水里，表示洗净过去的罪恶。

[2] 唱诗班：教堂里举行仪式时表演宗教曲目的小型合唱队。

子的圆眼睛似乎含着笑意，翅膀上的羽毛数量被我数过无数次。这些羽毛带着我的思维飞出了教室、飞向了蓝天、飞向了原野。每天学习累了，我便合上书看着这只小鸽子，它能帮我缓解压力，我真应该好好谢谢它。

在室外活动的时候我便有机会接触到昆虫，所以我特别希望老师带我们出来上课。有一次，老师安排我们去清除黄杨树下的蜗牛。面对着这些小生命，我怎么也下不了手。我把捉到的蜗牛放在手上看，它们是那样的美丽。各种颜色的蜗牛都有，无论是黄色的、白色的、褐色的，还是淡红色的。我把其中漂亮的挑选出来，装进了衣兜里，留着以后慢慢欣赏。

我能够认识青蛙，还要多谢老师安排我们帮他晒干草。这些青蛙为了把虾从巢中引出来，不惜以自己当诱饵。我还在赤杨树上捉到了青甲虫，它的美丽简直无法形容。在帮老师收集胡桃的时候，我认识了蝗虫，它们的翅膀张成一把扇子。我还学会了从水仙花中吸蜜——在花冠的裂缝处有小滴的蜜汁，得用舌尖轻轻地吸，用力过大可能会导致头疼。这种白色的花让人赏心悦目，花朵颈部有一圈是红色的，看上去像是洁白的玉颈上戴了一串红项链，格外惹眼。

总之，无论在何处，我骨子里的那种对昆虫、对大自然的热爱都会随时被调动起来，我沉浸在其中自得其乐。对昆虫、对大自然的热爱也是越来越深。

这些爱好对我认识字母有很大的帮助。起初我的学习成绩一点都不好，我的课本被我看得最多的便是封面上的那只鸽子。后来，我父亲把我从学校接回家里学习，从此我开始了真正的读书。这一次用的课本很正规，上面的字也印得很大。课本里面的纸五彩斑斓，上面画满了小动物，旁边写着这些动物的名字，图文并茂。我就是靠这本课本学会了字母，比如说：第一个图画的是驴子，它在法文中的名字是 Ane，就这样，我认识了 A；第二个图画的是牛，牛在法文中被称为 Boeuf，于是，我学会了 B；还有，鸭子是 Canara，火鸡是 Dinod，这样我就认识了 C 和 D。其余的字母我也是通过这种方法学会的。正确的学习方法，让我有了明显的进步，没过多久，就能很轻松地去读那本印着鸽子封面的书了。我的父母都为我的进步感到诧异，其实他们不知道这一切都是动物的功劳，是书上的那群动物让我掌握了字母、掌握了语法，对学习产生了兴趣。看来，我和动物还真是有缘分。

后来，我又遇到一件高兴的事。父亲为了让我学习语法，给我买了一本《拉封丹寓言》[1]。尽管这本书非常便宜，纸质非常粗糙，但是，里面有好多有趣的插图。这些图不是太清楚，但我还是从中辨认出了喜鹊、青蛙、猫、兔子、乌鸦、驴子、狗等动物。这些动物在这本书中全部变成了人，不但会走路说话，还有丰富的表情，这都大大刺激了我的阅读欲望。我当时认识的单词很少，但是我慢慢捋着，最终知道了全篇的含义。拉封丹自然也就成了我的好朋友。

十岁那年，我在路德士书院读书。我的成绩还不错，尤其是作文和翻译，经常会得很高的分数。这所学院的气氛比较古典，很容易听到一些神话传说。这些故事我也很喜欢，但是更令我着迷的是那些野外的事情。比如，莲花和水仙花有没有生长出来；榆树上的那个鸟巢中，有没有正在孵卵的梅花雀；被风吹动摇摆不定的杨树上，是不是有一种金虫在无畏地跳跃……我真正关心的是它们。

好景不长，我们家突然要面临一种困境，吃饭都成了问题，更不用说读书了。我只得告别同学，离开学校。那个时期非常难熬，像是突然掉进了地狱。我没有想太多，只希望这种日子快点过去。

按理说，在这种悲惨的日子里，我应该是没有闲心再去观察昆虫了。但是事实不是这样，我心里依然挂念着那些小动物。比如我第一次抓到

---

[1]《拉封丹寓言》：17 世纪法国寓言诗人拉封丹创作的诗体寓言集。

的那只金虫，现在我还记得它全身都是褐色的，上面点缀着白色的点。这些白色的点多么像穿过黑暗的一束阳光，照得我心里暖暖的。

可能是老天对我偏爱有加，不久之后我又进入了另外一所学校：伏克罗斯的初级师范学校。那里会提供一些免费的食物，尽管只是一些干栗子和豌豆。这所学校的校长非常开明，他给我们制定的规定是：只要完成学校布置的课程，其余时间随便干什么。当时我的成绩非常好，这也就意味着我有更多的时间随心所欲。那些空余时间基本上都被我拿来观察动植物了。当别人在背书的时候，我就在边上观察金鱼草的种子、夹竹桃的果实，还有一些昆虫的翅膀等。

就这样，我慢慢地培养起了对自然科学的兴趣。那个时候，一般的学者都看不起生物学，学校里面也不开设这门课程。当时，拉丁文、希腊文和数学是必修课。

我在学校里面主要的研究方向是高等数学——没有老师的指导，只能自己硬啃。这种奋斗非常艰苦，我竭尽全力地坚持着，从没有想过要放弃，最终取得了回报。这种方法后来又被我拿来用到学习物理学上面，我自己制作了一些简单的实验仪器，最终也获得了成功。直到此时，我都没有想过要从事生物学研究。

毕业之后，我被分配到了埃杰克索书院，担任物理教师和化学教师。学校所在地离大海很近，这让我兴奋不已。海洋对我来说是那样的新奇，又是那样的陌生。单是海边的一片贝壳，就能让我钻研上半天。相对那些枯燥的几何定律、化学实验来说，大海这片乐园更有吸引力。我将生活分成了两部分，一部分用来教学，另一部分用来去海边探宝，海边的植物与海里的生物都是我研究的对象。

未来是不可以预测的。比如说我，年轻的时候致力于研究数学、物理学，结果这些东西对现在的我来说一点用也没有。相反，我年轻的时候竭力回避生物学，而到了老年，研究动物竟成了我生活中最大的乐趣。

我在埃杰克索书院教书的时候，认识了两位生物学家：瑞昆和莫昆·坦顿。当时因为没有旅馆，所以他们跟我住在一起。在一起相处时间长了，他们知道了我的兴趣爱好。有一天，莫昆·坦顿对我说："你很喜欢蜗牛，不过，你这样看只能看到表面现象。这些动物的内部结构你也应该有所了解。下面就让我们看一看它们的内部构造，相信你会对它们有新的认识。"

他把蜗牛放在一个盛着水的碟子里，用一把剪刀和两根针将蜗牛解剖。他一边解剖，还一边给我讲解，告诉我各部分器官的名称。这是我一生中的第一堂生物课，也是最难忘的一次。它教会了我观察动物的时候不能局限于外部。

我的故事讲得差不多了。大家可以看出，我从很小的时候，就表现出了对生物的热爱。同时我还会主动去观察它们。这种性格和爱好是谁赋予我的呢？我也搞不清楚。

天赋对于人和动物都是平等的，比如说：有的孩子有音乐天赋，有的孩子有雕塑天赋，还有的孩子可能有算术天赋。昆虫也是如此，有的蜜蜂能剪出圆圆的叶子，有的蜜蜂会筑起漂亮的蜂巢，蟋蟀会唱歌，而蜘蛛会织网。这些天赋都是哪里来的？是天生具备的，除此之外，没有什么理由可以解释。拥有天赋的人被人们称为天才，同样，拥有天赋的昆虫则是动物中的天才。

第二章　荒石园

在野外建立一个实验室是我年轻时最大的愿望。这是一个很奢侈的想法，因为当时我连填饱肚子都成问题。我四十多年来一直有一种想法，那就是拥有一块小小的土地，把四面都围起来，谁也不得入内，任它长满荆草，变得荒芜。为什么要这样做呢？因为黄蜂和蜜蜂最喜欢这种环境。在这里，我可以避开烦扰，用一种特殊的语言同我的这些朋友相互问候、交流，谁知道需要多长时间才能学会它们的语言。在这里，不会有长途旅行和远足浪费时间和精力，我可以专心地去观察我的昆虫。

四十年来，我每天过着为衣食操心的日子。最终，凭借着我坚强的意志，我终于建起了梦寐以求的实验室。尽管实验室的条件不是太好，但是我还是非常高兴，我相信我的生活会从此改变。这个实验室就像是一把钥匙，他打开了戴在我脚上几十年的铐链，让我重新获得了自由。我唯恐这自由来得太迟——最难过的莫过于等到桃子熟了的时候，发现自己的牙已经吃不了桃子了。我现在的视野已经没有以前那么广阔，不但如此，还在不断压缩，变得狭窄。对于我已经过去的那些光阴，除了无法再追回的东西，我毫无遗憾，也无所谓自疚，甚至没有一点点眷恋。我体会到的只是社会的世态炎凉，心早就碎了。现在我不想只为了活命而吃苦，我要干我自己喜欢干的事情，就是如此。

这个实验室是一个荒园，里面到处都是废墟，立着的只有一面破墙，墙根被石灰沙泥筑得结结实实。这半截墙多么像我啊！为了追求，即使是残垣断壁也不放弃。我还能否再为昆虫们书写几页历史？我的体力还能否允许我追求自己的理想？我对昆虫是如此的热爱，为什么直到今天才想起为它们做点什么？昆虫啊！快去告诉你们的朋友吧，就说我从来没有把你们忘记，我一直惦记着你们；说我一直惦记着节腹泥蜂的秘洞中那个我没有解开的秘密，还有我对洞泥蜂猎食的细节记得清清楚楚。我之所以现在才来，是因为我的时间少得可怜，我势单力薄，没有人与我为伍。最重要的就是，我要对付那糟糕的生活。好吧，我想你们会原谅我的。

还有人批评我，说我说话太随意，也就是没有学院派的那种郑重、严谨。在他们眼中，如果不把一个道理说得非常拗口，或者写得非常难懂，那么这个道理就是错误的。我不赞同他们的观点。真理本身就是通俗易懂的，能被大众掌握的。再说，我用通俗的语言描写，但是我的观察和研究是非常谨慎、细致的。这一点，大自然中很多被我研究过的昆虫可以为我作证，不管是蜜蜂还是蜘蛛。我的语言虽然空洞，不懂得装饰和滥情，但是我原原本本地记录下了我看到的一切，既没有漏掉什么，也没有杜撰、臆造、添加什么。

虫子们，你们是我的朋友。如果你们说服不了那些自以为是的人，我可以代替你们呼喊。我可以告诉他们："你们是一群刽子手，你们研究昆虫的方法是将它们解剖，而我呢？我是观察活着的它们；在你们眼中，虫子既肮脏又恶心，而我却觉得它们非常可爱；你们总是在实验室的案台上撕扯拉拽它们的身体，而我是在蓝天白云下的大自然中观察它们的起居；你们关心的是它们体内的细胞，而我注重的是发现它们的天性；你们眼中只有死亡，我眼中更多的是生命。"

我还想说明：人们在童年的时候都热爱大自然、热爱动物。但是，人们对大自然和各种小虫的热爱后来都不见了。研究大自然成了一门被垄断的学科，专家们通过分离细胞技术去研究这些动植物的结构，却没人去关注动物的本能。就像是清澈的泉水被野猪践踏了一样，专业的、枯燥的研究代替了人们年少时抱有的那种乐趣。面对这些问题，我很无奈。我在为专家和学者撰写文章，我也在为哲学家们撰写文章，我希望我写的东西能够对他们有所帮助，帮助他们找出动物本能的起源。同时，我还在为年轻人而写，我想唤起他们对大自然的爱，就像小时候那样。我想让他们明白：大自然以及其中的动植物都是生动的、有趣的，并不是书本上那样的干巴、枯燥。为此，我一直要求我的文章不能类似于一些科学家写的那样，故作深沉，刻意卖弄。那种文章，恕我直言，就像某种土著人的语言一样，没人看得懂，也没人会去看。

现在，我想说说我的这个荒园。它一直在我的计划中，并且是我最期待的，我要将它打造成一个昆虫实验室。最终这个愿望实现了，我如愿以偿得到了一小块土地。它坐落在一个小村落的幽静之处。这是一块有许多石子，不能耕种的土地，在我们这里，这种地一般被称为"哈麻司"。除了百里香[1]之外，很少有别的植物能在上面长起来。这种地也并不是不能种东西，不过得需要你拿出大量的时间和精力去照顾它们，这样算来，又不值得。有时候在春雨过后，乱石中偶尔会长出一些小草。荒园里面尽是掺着石子的红土，有人告诉我，以前的主人曾经在上面种过葡萄。现在上面原有的农作物都被人清理掉了，连百里香也没有了，这让我十分懊恼，我只得重新来种植百里香。我以后可能会用到百里香，因为它可以用来做黄蜂和蜜蜂的猎场。

这里大量存在着的、不必我亲自侍弄的植物，主要是那些随风沙而

---

[1] 百里香：一种半灌木植物，耐寒、耐旱，对土壤的要求不高，因芳香袭人，带有优雅、浓郁的麝香香味而得名。

来的、常年累积下来的偃（yǎn）卧草、刺桐花，还有一种长满了橙黄色花，有硬爪般花絮的西班牙牡莉植物。在这些花草上面盖着一层伊利里亚[1]的棉蓟，它的枝干能长达六尺[2]，末梢还有粉红色的球，更要命的是这些球上面长满了小刺，让想去采摘的人无处下手。这其中还生长着矢车菊，这种植物上面长了长长的一排钩子。这里到处充满了棘刺，要是你没有穿高筒皮靴就贸然闯入的话，就有你好受的了，你肯定会为自己的粗心付出代价。

尽管如此，这里依然是我的乐园，这是我经过几十年的辛苦努力才得来的。

以前我把这里称为伊甸园，现在我还是这样认为，它依然是创造生命的地方。这块土地十分荒芜，而且没有养分。在农夫眼里，即使是往这块地中撒几粒萝卜种子都是在浪费；然而，对于昆虫来说，这里却是天堂。周围的蜂类都被园子中遍布的刺蓟类植物和矢车菊吸引了过来，在我眼前嗡嗡作响。这么多的蜂类聚集到一起，这在我以前多年的昆虫观察中是从来没有见到过的。可以说这是一个蜂类家族的大聚会，各行各业的蜂都来参加。它们中有专门捕捉活食的猎人；有专门垒砌蜂巢的泥土匠；有专门整理绒絮的纺织工；有专门负责裁剪树叶为筑巢备料的备料工；有负责给木头钻眼的木工；还有在地下打地道的矿工；等等。

快看啊！这种蜜蜂居然会缝纫。它把刺桐的网状线剥下来，并用它的颚[3]把这些东西带走，显出一派骄傲的神情。这些东西被它带到地下，用来储存蜜和卵。那边的那种蜂叫切叶蜂，它们的身躯下面带着切割用的毛刷，这些毛刷有黑色的、白色的，还有血红色的。它们飞到邻近的那片小树林中，用毛刷把树叶锯成圆形的小片，这些小片被它们用来包

---

[1] 伊利里亚：古地区名，位于今欧洲巴尔干半岛西北部。

[2] 尺：市制长度单位，1 尺约为 0.333 米。

[3] 颚：某些节肢动物摄取食物的器官。

裹食物。这群穿着黑丝绒衣的是泥水匠蜂，顾名思义，它们是做水泥、沙石工作的。我经常看到它们工作，就在我的这片土地中的石头上。此外，还有一种野蜂。这种野蜂非常奇怪，将自己的家安置在空蜗牛壳里。另外一种蜂把自己的幼虫安置在悬钩子秸秆的木髓（suǐ）[1]里，这种秸秆得是非常干燥的那种。第三种高手在干芦苇的沟道里安家。第四种更高明，直接住在泥水匠蜂的空隧道里，连房租都省了。生着角的蜜蜂，后腿上长着刷子的蜜蜂都有，它们的角和刷子都是收割用的。

我有一位朋友名叫佩雷斯，他是一位昆虫学者，同时还在波尔多[2]当教授。我要是发现了什么新的昆虫物种，便会向他请教如何命名。在我们交谈的时候他曾经问过我，是否有什么好办法能一下子捕捉到许多稀有的昆虫，要是里面有那种首次被发现的昆虫那就更好了。他叮嘱我，如果发现了稀有昆虫，就把它的标本寄过去。我不擅长捕捉昆虫，也没有什么秘诀。我能捉到昆虫完全是因为环境所赐。这里是昆虫们喜欢的那种环境，尤其是那些茂密的如同地毯一般的蓟草和矢车菊。

建筑工人把我的私人乐园的墙壁建好之后，留下了一堆堆的石子和沙子。没过多久，就有住户搬了进去。泥水匠蜂把睡眠的地方选在了一个石头的缝隙中。还有蜥蜴，这是一种凶悍的动物，如果你不小心压到它们，它们就会毫不客气地攻击你，它们才不管你是有意还是无意，甚至连狗也逃脱不了。它们挑选好了洞穴，就在里面埋伏着，准备伏击路过的螳螂。

鸫（dōng）鸟长着黑色的耳毛，穿着黑白相间的衣服。这副打扮，再加上整日在石头上面重复唱着那几句歌，怎么看都像是一位黑衣僧在念经。在哪里才能找到那些里面藏有天蓝色鸟蛋的鸟巢呢？它们一般藏在石头后面，如果你去移动这些石头，鸟巢和小黑衣僧也自然被移动了。

---

[1] 木髓：植物茎的中心部分。

[2] 波尔多：法国西南部重要的工商业城市。

这些不幸被破坏掉的鸟巢和里面的小黑衣僧让我感到十分惋惜，它们是多么可爱的邻居啊！至于那只蜥蜴，我对于它的离开没有丝毫的留恋，因为它实在是太凶悍了。

除此之外，掘地蜂和猎蜂的群落也隐藏在沙土堆中。不过，后来建筑工人把这些掘地蜂和猎蜂都驱逐了，它们的家也无缘无故没了，我真为它们感到遗憾。但是，还是有一些猎户留了下来。它们整天忙着寻找小毛虫。有一种黄蜂个头挺大，胆子也挺大，毒蜘蛛它们都敢去捕捉——这片土地上居住了很多相当厉害的毒蜘蛛。在这里，你还可以看到一种蚂蚁，它们强悍、勇猛，时常可见它们排着长长的队伍向战场出发，估计至少有一个兵营的力量，不久之后，就会带回被猎取的俘虏。

此外，还有各种鸟雀住在屋子附近的树林里，绿莺、麻雀、猫头鹰，应有尽有。一个小池塘坐落在这片树林中，里面住满了青蛙。它们通常在五月份组成乐队，演出绝对让你震耳欲聋。黄蜂是这里最勇敢的居民，因为它们连声招呼都不打就霸占了我的屋子。白腰蜂也在我的屋子门口安家，这让我在进屋子的时候每走一步都得小心翼翼，要不然就会踩到它们，我可不想破坏它们的采矿工作。泥水匠蜂把房子修建在我的窗户框里面，它们把土巢筑在软沙石的墙壁上，把我不小心留在窗户木框上的小孔当作出入的门户。另外几只泥水匠蜂可能迷路了，它们在百叶窗的边线上筑起了蜂巢。这些黄蜂总是在我的午饭时间到访，当然，它们翩翩而至不是来看我，是惦记着我的那些葡萄熟了没有。

所有的这些昆虫全是我的朋友，它们惹人喜爱。我以前和现在所熟悉的伙伴们，全部都聚集到了这里，每天都忙着打猎、筑巢，还有维持它们的家族。如果我想换个地方住的话，离我很近的地方就有一座大山，那里遍布着野草莓丛、岩蔷薇和石楠植物，黄蜂和蜜蜂就喜欢在这些植物上面聚集。我给自己找了充分的理由离开城市，来到乡村，来到这里，整日做一些除杂草和灌溉莴苣的事情。

人们在大西洋和地中海沿岸建了许多实验室，花费了大量资金，仅仅是为了研究一些生活在海洋中的小动物。但是，这些海洋生物对我们的生活几乎没什么影响。还有人为了弄明白那些环节动物卵块是如何分裂的，不惜花大价钱置办高倍显微镜、昂贵的解剖仪器，雇用船只和海员，甚至建造水族馆。在这些动物身上有必要花费如此多的精力吗？人们为什么对那些生活在我们身边的、触手可及的昆虫如此地不闻不顾？相对于海中的那些动物，它们与我们更息息相关。它们中有的对人类有益；有的与人类不相往来；还有的穷凶极恶，专门与人类作对，疯狂地吞噬农作物。

因此，我们应该建立一座昆虫研究室，专门研究各种昆虫——是活的昆虫，不是在瓶子中泡酒的那种死的。在这座实验室中，我们可以研究昆虫的生活习性、本能、劳动、产卵、猎食、筑巢、战斗等各个方面。面对这些问题，我们要严肃对待，它们不仅是自然的知识，还能影响到科学、社会学、哲学等各个学科领域。我们要通过实验、观察和推断来弄明白哪些行为是昆虫的本能，是生下来就拥有的本领；哪些本领是昆虫后天掌握的，是运用自己的智力获得的。弄清楚这个问题，有利于我们研究人类的思维。而这一切的一切都是从最基本的小处着手研究的，比如，数一下甲壳虫的触须有多少节。这个看似简单的问题的答案，几乎没有人知道。

要想彻底地了解昆虫，还需要做大量的工作，也需要大量的人员。但是，我们现在没有开始任何行动。大家的目光应该从海底的小动物身上挪开，转移到软体动物和植形动物 [1] 上来。我们对自己身边的昆虫是如此陌生，这是不应该的。因此，我自己建立了一座荒园，把它当作昆虫实验室。不用担心，我的实验室完全是我自己一手建造的，没有花纳税人一分钱。

---

[1] 植形动物：外观上像植物的动物。

第三章　蜣　螂

蜣（qiāng）螂第一次进入人们的生活至今，已有六七千年的时间。在古代埃及，农民在春天灌溉农田的时候经常见到这种昆虫。它们黑黑的、肥肥的，忙着向后推着一个圆球形的东西。这个奇怪的圆球让古代埃及农民感到很惊讶，同今天这里的农民一样。

这个圆球被古埃及人想象成了地球的模型，并且蜣螂的动作也与天上星球的运转相合。因此，他们认定这种甲虫一定掌握了很多天文知识，便给它取名叫"神圣的甲虫"。当时他们还认为蜣螂滚的圆球中装满了自己的卵，小蜣螂也是从那里面出来的。但是他们错了，大多时候里面并没有卵，不过是一个食物储藏室而已。

你要是认为这是什么可口食品的话，那就大错特错了。因为蜣螂的工作，是把各种污物从地表上收集起来。这个食物球便是用它收集到的垃圾搓卷起来的。

蜣螂扁平的头前边长着六只尖细的牙齿，它们呈半圆形分布，就像是一种弯形钉耙。无论是刨除自己不需要的东西，还是收集自己挑拣好的食物，蜣螂都要靠这些牙齿。它的前腿也是非常有用的工具，这些弓形的前腿不但非常坚固，而且还在外端长了五颗锯齿，蜣螂就是用它们来搬动一些障碍物的。

下面我们来介绍一下蜣螂制作圆球的步骤。它先是左右转动带锯齿的臂，扫出一块小小的空场，把自己收集来的东西堆放起来。然后，再用四只后爪去推。蜣螂的腿又长又细，尤其是最后的那一对，形状略弯曲，前端还有尖尖的爪子。蜣螂把这些材料用后腿压在身下，不断地搓动、旋转，直到它变成圆球形。用不了多久，它们就能把一个圆球从一颗小粒滚得像胡桃那么大，不久又像苹果那样大。我曾亲眼见过有的蜣螂能把圆球滚得像拳头那么大，它们真是一些贪吃的小家伙。

这些圆球的食物做好以后，还要搬到合适的地方去。于是，蜣螂的旅行便开始了。它用后腿将球抓紧，用前腿行走。它是倒着向后走的，头朝下，臀部撅起，姿势实在是有些不雅。它轮流向左右推动那个圆球。大家都以为它会拣一条平坦的路走，毕竟它重负在身。但事实却不是这样，它给自己选择的道路不是险峻的斜坡，就是不可能上去的地方。这个家伙固执得很，偏要选这样的路来走。对它来说，这个球非常重，再加上它是倒着行走的，所以，整个过程很艰苦，它需要小心翼翼地将这些球推上高坡。如若有一点疏忽，这个坡就算是白爬了，因为它会被球带着一起滚落下去。在有的地方还会三番五次地滚落，可能是被一根草绳绊倒，也可能是在一块滑石上失足。总之，一丁点儿的障碍处理不好，就可能前功尽弃。有的时候，蜣螂得经过一二十次的跌落才能爬上一个坡。也有时，它会在绝望的时候变换路线，去寻找平坦的路。

在人们的眼中，蜣螂很善于合作。当一个蜣螂做成了一个球，便会离开在场的其他同类，独自把劳动成果向后推去。这个时候，一个还没开始工作的邻居就会跑过来帮着球的主人一起用力推。对于这种帮助，球的主人肯定是欢迎的。但是，它真的是热心的伙伴吗？不，它是一个"强盗"。要知道不下苦功夫和没有忍耐力是做不成圆球的，而去偷或者抢一个那就容易多了。所以有的"盗贼"就会用很狡猾的手段，甚至是暴力，去侵占别人的劳动成果。

有时候，从天而降的"盗贼"会将球主人击倒在地，然后蹲在球上，前腿放在靠近胸口的位置，摆出一副准备打斗的姿势。要是这个球的主人不甘心自己的劳动成果被霸占，上前来理论的话，这个"强盗"就会从后面给它一拳。球的主人爬起来后就去推自己的球，想赶快摆脱纠缠。这时候，两只蜣螂之间不可避免地就会发生一场角斗。它们会腿与腿相绞，关节与关节相缠，互相撕扯、互相冲撞，角质的甲壳会发出金属摩擦的声音。激烈的打斗结束后，胜利的一方会爬到球顶上，而失败的一方则默默离开。若是"强盗"获胜了，主人只得重新从小弹丸做起。有时候会出现第三只蜣螂参与抢劫，这种情况我亲眼见过许多次。

也有的时候，"盗贼"会拿出大量的时间和精力来行骗。它假装热心肠，帮助球的主人搬运食物。在经过深车轮印、长满百里香的沙地和其他险峻地形的时候，这个贼很少用力，它大部分时间都坐在球顶上欣赏风景。到了目的地之后，主人便开始挖坑。挖坑的时候需要用边缘锐利的头和有齿的腿向下开掘，沙土被抛向后方。就在这时，贼会紧紧地抱住球，假装自己死了。随着坑越刨越深，在里面工作的蜣螂已经看不到外面的情景，即使偶尔出来看一下，看到球旁睡着的蜣螂一动不动，它也不会起疑心。如果主人离开的时间长，这个贼就会抓住机会，迅速将球推走，就像小偷怕被捉住一样。如果这种偷盗行为被发现，球的主人会追上来，这个贼就马上变换角色，表现出一脸无辜的样子，让主人觉得它只是在制止这个球向坡下滚去。于是，它们像什么也没发生一样，一起将球搬回去。

如果贼把球顺利地偷走了，主人只能自认倒霉。它会擦擦面颊，深吸几口气，振翅飞走，回去从头开始。这种百折不挠的作风让我既羡慕又嫉妒。

后来，它的食品终于安全储存好了。它的储藏室是一些土穴，一般掘在沙土或者软土上。这些储藏室如拳头般大小，有通往地面的通道，宽度也刚好可以让圆球通过。等到把食物推进储藏室之后，蜣螂就会坐在里面，找一些废物把进出口堵起来。圆球塞满了整个屋子，从地面到天花板全是美味佳肴。赴宴的通常只有一个，至多两个，它们坐在墙壁边一条狭窄的小道上进餐。在接下来的一个礼拜或两个礼拜中，蜣螂昼夜宴饮，一刻不停。

我在前面提过，古代埃及人认为神圣甲虫的卵，藏在它们的圆球中。事实并非如此，有一天，我偶然发现了蜣螂放卵的真实情形。

我跟一个牧羊的小孩很熟，他经常在空闲的时候过来帮我。有一次，他来找我，我还记得那是一个六月的星期日，他手里拿着一个奇怪的东西，样子像是一只梨，只不过稍微小了一些，颜色是那种腐朽后的褐色。这只"梨"摸上去很硬，外形也很好看，像是精挑细选出来的宝贝。男孩说里面肯定有一个卵，因为他在掘地的时候不小心弄碎了另外一个一模一样的"梨"，并在其中发现了一个白色的卵，大小就像一粒麦子一样。

我决定去考察一下。第二天，天刚刚亮，我就和小牧童一起出发了。

蜣螂的地穴很好找，因为它的土穴洞口总有一堆新鲜的泥土。不一会儿，我们就找到了一个。小牧童用小铲使劲地向地下挖掘，我为了不错过什么，便伏在一旁的地上观察。一个洞穴被掘开了，我在潮湿的泥土里发现了一个"梨"。在这个精致的"梨"上甚至还有一只母蜣螂在工作。这是我第一次见到这种奇异的工作，非常兴奋，甚至比从古埃及遗物中发掘出翡翠雕刻的神圣甲虫还要兴奋。

继续搜寻之后，我们又发现了第二个土穴。这次也发现了一只母蜣螂，它紧紧地抱着一个"梨"。一定是它刚刚完成工作，还没来得及离开。毋庸置疑，蜣螂的卵就在它怀中的这个"梨"中。这样的"梨"，我在一个夏天里至少发现了一百个。

蜣螂把人们扔在野外的垃圾收集起来，制作成了这些球形的"梨"。原材料的选择是比较严格的，因为这个"梨"还要当蜣螂幼虫的食物。当它们从卵中出来的时候，是没有觅食能力的。所以，蜣螂妈妈为了不使它们挨饿，会把它们安放在一个适宜的食物里。这样，它们一出生，就衣食无忧了。

蜣螂把卵放在"梨"比较狭窄的那一端。无论是植物的种子，还是动物的卵，都是需要空气的。这也说明为什么鸡蛋壳上会分布着许多小孔。如果蜣螂不是把卵放在"梨"比较狭窄的那一端，而是放在比较厚的那一端的话，这些卵就会被闷死。因为这些"梨"厚的一端质地坚硬，外面还有一层硬壳，根本不透气。蜣螂妈妈一般会把幼虫安排在精致透气、有着薄薄外壁的一端——尽管"梨"的中央也有少许空气，但不足以供弱小的幼虫用。只有等幼虫消耗完周边的食物之后，它才会到"梨"中央去进食，这时的它已经变得很强壮。

蜣螂把"梨"做得一头大一头小，还在外面包上坚硬的外壳，都是很有道理的。它们的地穴温度极高，甚至有时会达到沸点。在这种环境中，三四个星期的时间就会让食物变得干燥，不能吃了。假设蜣螂幼虫出生后面对的食物像石头一样坚硬的话，这些幼虫就只能被饿死了。这样的牺牲者不是没有，我曾经在八月的时候找到了许多。要避免让幼仔生活在一个烤箱中，母蜣螂就会把"梨"的外层用它那强壮的前臂压成一层硬壳，整个过程十分辛苦。这个硬壳可以用来隔绝外面的高温，是一个像栗子外壳一样的保护层。若是主妇们想在酷热的夏天里保持面包的新鲜，就会把它们放到一个紧闭的锅里。同样，昆虫也会这样做，它们为了保存幼虫的食物，为了家族和后代的希望，也会打造出这样一口"锅"。

我经过对蜣螂在巢中工作的观察，知道了它是如何去做"梨"的。它把需要的材料运到地下后，就足不出户，专心致志地工作。一般情况下，蜣螂会先搓起一个球，然后把这个球推到自己的土穴。在推进的过程中，这个球会沾上一些泥土和细沙，表面开始稍稍变硬。有的时候，蜣螂会在收集材料的地表附近选择修建土穴的地点。这样，工作就变得简单了，材料捆扎好之后可以直接扔进洞里，省去了运输。有一天，我见一只蜣螂在洞穴中藏了一些原材料，这些原材料还没有成形。当我第二天再去它的工作场地上看的时候，那些没成形的材料已经被加工成了一个"梨"。这个"梨"的外形已经具备了，看上去很精致。蜣螂在一旁忙碌着，像个艺术家一样。

这个"梨"贴着地面的部分，已经敷上了一些细沙，其余部分磨得像玻璃一样光滑。这表明蜣螂只是把"梨"塑造成形而已，还没有细细地滚过。制作这个"梨"的过程，同以前在阳光下制造圆球一样，都是用它那有力的大足轻轻地搓压。

我把泥土装入大口玻璃瓶中，为母蜣螂做成了一个人工的地穴，还在玻璃瓶上留下了一个小孔，用来观察它们的动作。这样一来，我就可以在自己的工作室中研究它们了，它们的一举一动都尽收眼底。

蜣螂先是做一个完整的球，然后再在球上面绕一道圆环，并不断用力压这道圆环，直至圆环被压成一条深沟，像瓶颈一样。圆球的一端被这条深沟勒出一个凸起，蜣螂在这个凸起的中央用力往下压，做成一个凹穴，像是火山口一样。这个凹穴越来越深，边缘也就越来越薄，最后变成了口袋模样。蜣螂把凹穴内部打磨光滑之后在里面产卵。最后，用一些纤维塞住口袋的口，也就是"梨"的尾端。

为什么蜣螂在封口的时候看上去如此随意呢？蜣螂把其余的地方都用大腿拍得结结实实，唯独封口处不会去动，因为卵在口袋中距离封口很近，如果塞子塞得太深，里面的卵就会受到伤害。所以，蜣螂把纤维很随意地塞在封口上，而不是使劲塞进去。

蜣螂的卵会在产下 7—10 天之后孵化成幼虫。它们毫不犹豫地咀嚼四周的墙。这些小家伙聪明得很，它们进食的时候总是朝着厚的地方前进。这样就不会把"梨"弄破，以免自己从中掉出来。用不了多久，它们就会长得很肥胖，样子也变得难看：背上会隆起，皮肤也变得透明，若是拿起来朝着光亮的地方看，那些内部器官可以看得一清二楚。假如古埃及人看到这些肥胖的蛴（qí）螬（cáo）[1]，他们肯定不会想到，这些臃肿的家伙将来会变成庄严、美观的神圣甲虫。

第一次蜕皮后，尽管已经能从这些幼虫身上辨别出蜣螂的形状，但是它还没有完全长成蜣螂。这个小动物非常美丽，别的昆虫无法与之相比。那像蜜一样的黄色，加上半透明的感觉，让它浑身散发着一种琥珀的魅力。在下一次蜕皮之前，这种状态能保持将近四个星期。

此后，它的颜色会变成红白色。随着蜕皮，颜色逐渐变黑，直到最后变成像檀木一样的黑色；表皮硬度也逐渐增强，直到披上角质的甲胄（zhòu）[2]，它才彻底地变成了一只蜣螂。

这时，它还居住在地底下那个梨形的巢穴中。它渴望突破硬壳的束缚，渴望暴露在阳光里，这一切能否实现呢？环境是决定性因素。

它们通常都是在八月份出来，这是一年当中最炎热、干燥的时候。如果泥土不被雨水打湿一下的话，仅凭这只昆虫自己的力量，想打破墙壁，冲出硬壳，几乎是不可能的。这些圆球尽管是用柔软的材料制成的，但是，此时已经被酷暑的高温烧得像砖头一样硬。

我曾经做过一个实验，把圆球放在一个盒子里，并保持干燥。早晚这些圆球内的囚徒会用它们头上的耙和前足上的锯齿去刮墙壁，发出一阵阵刺耳的摩擦声。持续两三天之后，它们没有取得丝毫进展。这时，我决定给它们其中的两只一些帮助。我用小刀在硬壳上戳开一个洞，尽

---

[1] 蛴螬：指蜣螂的幼虫。

[2] 甲胄：用来保护身体的器具。

管如此，它们也没能破壳而出。不到半个月，所有的硬壳都安静了。这些囚徒用尽了全力，却还是死在其中。

我又拿来了一些同样的圆球。这次我先用湿布把它们裹起来，然后放入瓶中，并用木塞塞好，等到湿气把硬壳浸透之后，再将湿布拿开。这次试验很成功，囚徒冲破了被浸湿变软的壳：它们认准一点之后，便用腿支撑住身体，把背部当成一条杠杆，使劲地顶和撞，墙壁最终被它们撞成碎片。这种条件下的试验，蛴螬每次都能从中破壳而出。

野外环境中的那些壳也是一样的情形，若是八月的太阳把大地烤得像砖头一样硬，这些蛴螬是不可能逃出牢狱的。这个时候如果下一阵雨，硬壳变软，它们再用肩扛、用腿蹬、用背撞，就能得到自由。

刚从地下钻出的它们最需要的不是食物，而是阳光。它们跑到太阳下之后一动不动，专心取暖。

过不了多久，它们就要吃东西。它们会像自己的前辈一样，做一个可以吃的球，选一个储藏的地方掘一个土穴，把球藏在里面，然后吃掉。没有人教它们这些，这些本领是它们生来就具有的本能。

第四章　西班牙蜣螂

还记得我们前面提过的神圣甲虫吗？就是那种会滚圆球的动物，它滚出的圆球既可以当食物，又可以深加工，制成梨形的巢。

这种形状的巢对于小甲虫的生长有什么利处，又有什么害处，我在前面都说过。对于神圣甲虫的巢来说，再也没有比球形更适合它的形状了：保存在里边的食物不会发硬，也不会发干。

我在前面说过一些极力赞扬神圣甲虫本能的话，不过，在经过一段时间观察之后，现在我对这些话产生了怀疑，我的估计可能出现了错误。它们给幼虫准备了柔软、合适的食物，这真的是出于对子女的关爱吗？做球对于甲虫来说是本职工作，并不是专为幼虫而做。这种动物的腿又长又弯，在地面上滚球得心应手，那它为什么要到地底下去做球呢？这显得很奇怪。动物会去干一些自己喜欢干的事情，从事自己喜欢的职业。在地底下做球显然不是神圣甲虫喜欢的，因为它的身材适合在地面做球。那么，它把球加工成梨形会不会是有别的目的，而并不是为了自己的幼虫呢？

这个问题让我困惑，为了彻底弄明白，我观察了另一种甲虫，这种清道的甲虫平时不熟悉做球这种工作。可是，它在产卵期突然改变了自己的习惯，所有以前储藏的食物都被它做成了圆团。看来，把球做成圆形不仅仅是一种习惯、一种工作，就是那些平时没有这个习惯的甲虫，也会在产卵期将食物做成圆形。这是它们真正关心自己子女的体现。

在我的住所附近有一种漂亮的甲虫，它的个头虽然没有神圣甲虫那么大，但也算得上强壮，这种甲虫被称作西班牙蜣螂。

它胸部的陡坡和头上长的角是它身上最显著、最特别的地方。西班牙蜣螂体型圆圆的、短短的，没有神圣甲虫那样的腿，当然也不会像神圣甲虫那样麻利地滚球。它的胆子非常小，怎么看都不像是一个勇敢者，受到一点点惊扰，它的腿就缩到身体下面，和神圣甲虫相比，西班牙蜣螂在这一方面差远了。

从它们的身材和体形上可以看出，它们不适合挖掘，不擅长搓滚圆球，也不可能拖着圆球走路。

除了身体不灵活以外，它的性格也不活泼。我见过它觅食，有时是在黄昏，有时是在晚上。当它寻找到食物之后，就在原地挖洞。这个洞草草而成，非常简陋，最大的洞也只能放进一个苹果。

它把自己刚刚发现的食物往洞里堆积，食物多的话，会一直堆到洞门口。这些大量的、没有规则的、乱堆的食物证明了一点，那就是蜣螂非常贪吃、馋嘴，它会待在洞中，一直到把这些食物全部吃完，在吃完之前是不会出这个洞的。

等它把存储的所有食物都吃完，它的食品仓库全部清空之后，它会跑出洞来，寻找新的食物，然后就是重复以前的做法，就地挖坑将其吃掉。这是一种重复、循环的周期性运动。

老实说，它只不过是一个清道夫，每天打扫卫生、收集肥料而已。在茫茫昆虫界，算是一个无名的平庸小辈，没有什么特别的本事。

西班牙蜣螂对于搓滚圆球几乎是一无所知，很明显是个外行。而且，它那又粗又短的腿也不适合做这种技术性的工作。但是到了五六月间产卵的季节，西班牙蜣螂就摇身一变，变成了各方面的能手，无论是选择柔软的材料，还是选择舒适的环境，它都能做得井井有条，为自己即将到来的产卵期提供一个良好的环境。

它开始为自己的家族积攒食物。它不会像神圣甲虫那样，把食物从一个地方运到另一个地方，而是就地挖坑把发现的食物埋下，它从不带着食物旅行，也不会给这些食物进行再加工。它这时挖掘的洞穴比平时的要宽敞、精细，看来母亲愿意在子女身上花费时间、精力。

在野外观察西班牙蜣螂非常不容易。为了能够更仔细地观察它们的生活习惯和生长过程，我把它们带到了我的昆虫乐园里面，这样，我想认真观察它们时就方便多了。

这些可怜虫最初非常胆怯，它们可能认为我是一个坏人，认为我想把它们怎么样，有一种大难降临的感觉。后来，它们自己建好了洞穴，胆子也逐渐变大，由原先的整日诚惶诚恐、提心吊胆，变成了后来的肆无忌惮。我给它们提供了一些食物，被它们在一夜之间全部储存了起来。

大约一周后，我将昆虫乐园中的泥土掘起，从中发现了西班牙蜣螂的巢穴和储藏起来的粮食。这个洞穴里有一个很大的厅堂、一个很大的仓库，不是很整齐的屋顶，普通的四壁，不过地板倒是很平坦。

有个圆孔在屋子的角上，这个圆孔能通到走廊，斜斜的走廊又一直通到土面上。房子的墙壁被很仔细地压过和装饰过，有一定的抗压能力，能抵抗住我在实验中制造的地震。这个昆虫用尽所有技能、不惜余力、兢兢业业地制造出这样一栋别墅，希望它能够成为永远的家。尽管如此，它不过是在新鲜的泥土上掘出的一个大洞罢了。在我们看来，墙壁也不是那么的结实，餐厅不过是一个土穴。

当雌性西班牙蜣螂在忙碌着一切的时候，我想，它的丈夫或者伴侣有义务来帮它一把。因为我经常见到它们待在同一个洞穴里。有了丈夫的帮助之后，工作效率就大大提升了，两个人干活自然要比一个人快，无论是收集食物，还是掘土造房。等到屋子建造好了，食物也储备足了，它的丈夫就会离开这里，回到地面上去，另找地方安身。因为随着这些工作的结束，它对家庭的义务、职责也结束了，和这个家从此再也没有关系。

西班牙蜣螂造的这间房子里面是什么样的呢？我起初猜测是一大堆小土块互相堆叠在一起，但是，事实上不是这个样子，在里面我只看见了单独的一个土块，此外，还有一条小路，食物储藏室中塞满了食物。

它们制造出的圆团大小、形状不一，有的像吐绶鸡[1]的蛋那样大，还有的像洋葱头那样大；有的形状近乎圆形，总能让我想到那种荷兰圆形奶酪，还有的是在顶端微微凸起的圆形。不过，无论是哪一种，它们的共性是表面光滑、曲线精致。

这种圆团是雌性西班牙蜣螂不辞辛劳地把许多材料收集在一起后搓成的。具体的制作方法是，先把材料捣成许多小块，然后再将它们揉到一起，同时将它们使劲地踩踏。这样做成的球非常大，直径约有四寸[2]，与之相比，神圣甲虫做的那个简直就是一个小小的弹丸。有时它还会站到球顶上去，非常神气。为了使这个球变得坚固、平坦，西班牙蜣螂会在球的凸面上敲打它、拍它、揉它、咬它。这种新奇的景观我只见过一次，仅有的一次，非常难得！西班牙蜣螂发现了在一边监视的我之后，立刻就逃窜得不见影了，不知道藏到哪里去了。

为了继续观察细节，做深入的研究，我把雌性蜣螂和它的食物大圆球放进了实验室的玻璃容器里。我用墨纸盖住了玻璃瓶，并通过它发现了许多有趣的事情。第一件有意思的事情，就是这个大球是如何装饰的，无论你从哪个角度看，这个大球都是整整齐齐的，很明显，用搓滚的方法是不可能达到这种效果的。

这个球的体积太大了，而此时洞里已经差不多被塞满了，这样的话，

---

[1] 吐绶鸡：火鸡，原产于北美，主要栖息于温带和亚热带森林中。

[2] 寸：市制长度单位，1 寸约为 0.033 米，10 寸等于 1 尺。

这个球无论如何是不可能滚进洞里去了，而且西班牙蜣螂的力量也不可能移动体积这么大的东西。

我每次到瓶边观察的时候，几乎都会发现同样的情形，那就是母虫爬到球顶上去，东瞅瞅，西看看，摸摸这里，敲敲那里，有时候还会轻轻地拍，总之要使这个球的表面尽量光滑，但从没见过它试图移动这个球。

事实证明，它制作这个球不采用搓滚的方法。最开始的工作和面包工人的工作有些相似：面包工人往往会将一个大面团分成许多个小面团，每个面团将来都会成为一个面包。西班牙蜣螂也是这么做的。它的头部边缘很锋利，前爪也很尖锐，这让它能很容易地就从大块材料上割下小块来。它在做这项工作的时候非常麻利，从不拖泥带水，只要切割一次，就能得到适当的一块。

接下来，就是要让这些小块有球的形状。它用双臂抱住这些小块，然后用自己的身体将其压成圆形。它的体形让人觉得很不适合干这项工作，但它却显得很庄严、很郑重。这块还没成形的食物被它反复地爬上爬下，有时还从前后左右不同的方向爬，不停地爬、耐心地爬。二十四小时之后，这个原本不规则的东西终于变成圆球状了，角棱都被压没了，大小像成熟的梅子一般。

这时的技术操作室显得如此狭小，甚至没有多余的空间可以让蜣螂转一下身。然而这位又矮又胖的艺术家在如此狭小的空间里，用如此笨拙的工具，居然有条不紊地把工作干完了，让人觉得不可思议。

它会用足够长的时间摩擦圆球的表面，直到满意为止。然后，它爬到圆球顶端，在上面压出一个浅浅的穴，并在这个穴内产下一个卵。

它把这个浅穴的四周往中间合拢，将中间的那个卵遮盖住，然后继续从四周往中间挤，使得圆球顶端略微突出，这样，这个球就变成椭圆形的了。

到此为止，把一个小块加工成圆形的工作就算是结束了。接下来，它又开始加工第二个小块，工作方法同前面的完全相同。此后还有第三个、第四个，等等。你或许还记得，神圣甲虫制作梨形的巢用的方法和这里差不多，但是它只做一个。

三四个蛋形的球被隐藏在洞穴中，它们一个紧靠着一个，排列很有规则，细小的一端全都朝着上面。

经过了长时间的辛苦工作，人们以为西班牙蜣螂会像神圣甲虫一样出去寻找食物，但是它并没有那么做。它自打进入地下之后就没有吃一点儿食物，现在工作忙完了它还不肯去寻找食物，而是一动不动地守在一旁，它对儿女的关心、爱护、付出，像世上所有的母亲一样，是那样的无私。

它宁愿自己挨饿，也不肯去碰一下那些为儿女准备的食物；它宁愿自己受苦，也不愿意让自己的孩子将来受一点儿委屈。这种奉献精神是多么了不起啊！伟大母爱在昆虫的世界里得到了充分的体现。

它为什么不出去呢？当然是为了好好看守着这几个球，这是未来子女的摇篮，是家族的希望。这是它们的房子，是它们在世界上唯一栖身的地方，是未来子孙成长最基本的条件。所以，它要认真地看护。

还记得神圣甲虫的"梨"吗？它们就是因为母亲离开，无人照料，不久之后就裂开了。又过了一个相当长的时期，就彻底不成形了，一个家就这样被毁掉了。

但是西班牙蜣螂的圆球能完好、长时间地保存，这完全归功于伟大的母爱。正是因为有母亲的关心、爱护和责任感，这些蛋才得以完好地保存下来。这些母亲从这个蛋上跑到那个蛋上去，再从那个蛋上跑到另一个蛋上，还关切地这里听听，那里看看，唯恐有什么闪失。这种无微不至的爱，就像人类母亲对待怀中的婴儿一般。

它整日到处修补，生怕蛋出了什么问题，影响到它的小宝宝。我们肉眼看不到蛋上有什么问题，它却能看到，它在黑暗中就能发现蛋上哪里又有了细微的裂缝，然后赶紧迈着笨拙的步伐去修补，唯恐进了空气使自己的卵干掉。

就这样，它忙碌地在狭窄的过道里进进出出，细心呵护着自己的卵。如果这个时候去骚扰它，打破它这种平静生活，它会显得很懊恼，用体尖抵住翼尖壳的边缘，发出沙沙的声音，可能是在强烈地抗议。

它也有打盹儿的时候，也需要休息。如果实在是太困了，它就会在旁边小睡一会儿，时间很短，打个盹儿就爬起来，绝不可能高枕无忧地大睡一觉。这位母亲就是这样尽职，它竭尽全力地看守着自己的卵，为儿女为子孙把心操碎。

能够把照顾家庭当作自己的快乐，这样的昆虫几乎没有，西班牙蜣螂便是其中一个。这是一件多么值得自豪的事情。

关于这位母亲为什么总是待在巢内，我们上面的回答是照顾自己的卵。或许还有一个原因，那就是它被我关在玻璃瓶子里，即使出了巢也不能获得自由，所以它一直守在巢中。不过，它对自己整日单调的工作就从来不感到厌烦吗？这个工作可能它早已经习惯，已经成了它生活的一部分，所以从来没见过它焦急。

如果它是想获得自由，对我把它装入玻璃瓶感到不满的话，它的表现应该是爬上爬下、坐立不安、摇头跺脚，一刻也不肯静下来，总之要闹个天翻地覆，鱼死网破。但是，它没有这样做，只是静静地、安心地坐在它的圆球旁。

为了得到第一手资料，为了亲自看到事实的真相，我随时关注着玻璃瓶内的变化。

如果它想休息，它可以大睡一觉，可以钻进沙土中把自己隐藏起来；如果它想进食，它可以出来获取新鲜的食物。但是它没有，它既不需要休息，更不需要饮食，也不需要阳光，简直不知道有什么好的理由能够说服它离开自己的巢半步。它就待在那儿，哪儿也不去，直到等到最后一个幼虫从破裂的球中爬出来。我常常见它默默地坐在那儿，它的责任感让我觉得感动。

这种任何食物都不吃的日子大约要持续四个月，这需要有相当强的自制力。母鸡在孵小鸡的时候也是如此，它必须忍受数星期不进食才能从蛋中孵出小鸡。相对而言，西班牙蜣螂却要在一年中三分之一的时间内忍受饥饿。

炎热的夏天结束了，无论是人还是牲畜，都盼望着天上能够下几场雨。没想到果真下了，地上到处都是很深的积水。

在经过酷热、干燥的夏季之后，空气变得凉爽起来。这是一年中最后的几个好天气了，很多鲜花抓住这个时节尽情地开放着。就在这时，四个月不进食的西班牙蜣螂复活了，它走出巢穴，带领子孙冲到地面上来。这个家庭的成员数量一般是三到五个。

它们的雌雄很容易辨别，因为雄性生有比较长的角，而雌性没有。不过，刚出生的雌性西班牙蜣螂与它们的母亲则比较难区分，很容易混淆。

不久之后你就会发现一件有意思的事，那就是为了自己儿女甘心牺牲一切的雌性西班牙蜣螂突然变了，变得对儿女和家族的事情不再那么上心。此后，它们都有自己的家庭和利益需要照顾，彼此之间便不再互相照应了。

虽然关系变得冷漠了，但是我们不能忘记那四个月中甲虫母亲对这个家庭的贡献：是它没白天没黑夜地照看着这些卵，赶走了蜜蜂、黄蜂和蚂蚁的骚扰和侵犯。在养育儿女，照顾家庭这方面，再也没有比它更尽职尽责的了。

它辛辛苦苦地为每一个孩子准备食物；不分昼夜地照看圆球，随时修补裂缝；执着地等待孩子出世，忍受四个月的饥饿和欲望；在黑暗中守护着骨肉，孩子出来以前绝不离开巢半步。这是一种什么样的精神！一切母性的本能都在它身上完美地体现，它不仅是田野中愚蠢的清道夫，还是一位让人肃然起敬的母亲。

第五章 蜜蜂、猫和红蚂蚁的寻家之旅

关于蜜蜂的故事，我希望能够了解更多。有人说蜜蜂有辨认方向的能力，无论它被扔到哪里，它总能飞回到原处。我想亲自试验一下，看看是不是真的如此。

我的屋檐下有一个蜂窝。这一天，我从这个蜂窝中捉了几十只蜜蜂，并把它们放到纸袋里。我安排我的小女儿爱格兰在屋檐下等候，然后我带着这些蜜蜂到了二里半路以外的地方，并打开纸袋，把蜜蜂抛弃在那里。

为了证明飞到我家屋檐下的蜜蜂就是被我带走的那一群，我捉住蜜蜂之后，在它们背上做了白色的记号。做记号过程中，我的手被刺了好几下，这是不可避免的。我紧紧地按住那些蜜蜂，一直到把工作做完，有时候竟然忘记了自己的痛。当我打开纸袋时，那些被闷了好久的蜜蜂一拥而出，它们向四面飞散，好像在寻找回家的方向。

当时天空中吹着微风，刚从纸袋中被放出的蜜蜂们飞得很低，几乎是贴着地面飞行。这样做大概是为了减少风的阻力，可是它们飞得这样低，怎么可能眺望到遥远的家呢？我替它们感到担忧。

我一边走在回家的路上，一边揣测它们可能面临的困难，心想它们

肯定是回不了家了。就在我刚要跨进家门的时候，爱格兰激动地跑过来冲我喊道："回来两只了！它们在两点四十分的时候到达巢里，身上还满带着花粉。"

我是在两点整把蜜蜂放出纸袋的，这也就是说，那两只小蜜蜂在三刻钟左右的时间里飞了二里半路，这还不包括采花粉的时间。

直到天快黑的时候，其他蜜蜂还没有回来。第二天我迫不及待地去屋檐下检查蜂巢，发现又多了十五只背上有白色记号的蜜蜂。我一共放飞了二十只蜜蜂，到现在，已经有十七只准确无误地回到了家，尽管它们是在空中逆风飞行，尽管沿途都是陌生的景物，但它们居然没有迷失方向。我想，可能是因为心中挂念着巢中的小宝贝和丰富的蜂蜜吧，是这种强烈的本能使得它们回来了。对，这并不是什么超常的记忆力，而是一种本能，一种无法解释的本能，而这种本能是我们人类不具备的。

有这样一种说法，我一直没有相信过，那就是同蜜蜂一样，猫也能够认识回家的路。直到有一天这件事在我家的猫身上发生了，我才相信这种说法。

有一天，我在花园里看见一只小猫，这只小猫并不漂亮，并且显得瘦骨嶙峋，在薄薄的毛皮下露着一节一节的脊背。那时我的孩子们都还很小，他们觉得这只小猫很可怜，于是就常塞给它一些面包，这些面包上还都涂上了牛乳。小猫很高兴地接受了，但是吃了几片之后就走了。我们在它后面温和地呼唤它："咪咪，咪咪——"它没有理我们，自顾自地走了。可是没过一会儿，这只小猫又饿了。它从墙头上爬下来，美美地吃着孩子们给它的面包。

这只小猫博得了孩子们的怜悯，最后，我和孩子们达成一致，决定驯养它。后来，它长成一只小小的"美洲虎"，没有辜负我们对它的期望——我们给它取名叫"阿虎"。再后来，阿虎有了自己的伴侣，这个伴侣也是从别处流浪而来的。后来它们俩又生了一大堆小阿虎。在这将近二十年中，不管我家有什么变迁，我一直都收养着它们。

第一次搬家的时候，我们都为怎么安排这些猫而苦恼。如果把它们遗弃的话，我的这些宠儿将再次流落街头，重新开始流浪的生活。可是如果带着它们一起搬家的话，它们能否在路上保持安静、稳得住呢？雌猫和小猫们倒是不必太担心，可是老阿虎和小阿虎两只雄猫是一定不会安静的。最后我们决定：带老阿虎上路，把小阿虎留下，替它另外找一个家。

我把小阿虎安置在了我的朋友劳乐博士家，他也愿意收留它。于是，在一个夜空里，我们把这只猫装在篮子里，送到了劳乐博士家。回到家之后，我们在晚餐席上谈起了小阿虎，说它运气真好，找到了一户人家收留它，避免了成为一只流浪猫。就在我们谈论它的时候，突然从窗口跳进来一个东西，我们都吓了一跳，仔细一看，原来是被送掉的小阿虎，它快活而亲切地用身体蹭着我们的腿。

第二天，我们了解到了事情的经过：在劳乐博士家里，它被锁进了一间卧室。此时，它意识到自己成了一个囚犯，于是便发狂一般地乱跳，家具上、壁炉架上，都留下了它的足迹。它还使劲地撞玻璃窗，似乎要闹个鱼死网破。劳乐夫人被这个小疯子彻底吓坏了，赶紧打开窗子，把它放走了。没过几分钟，它就回到了原来的家。它几乎是从村庄的一端跑到了另一端，途中还经过了许多街道，这些街道错综复杂；它可能会碰上顽皮的孩子和凶恶的狗；途中还有河水的阻拦，不过它那湿透了的毛告诉我们，它只想着快点回家，所以没有绕远去走那几座桥，而是走了最短的路径，那就是跳入河中。总之，这可真是不容易，这一路上可能遭遇到的危险数不胜数。

这只小猫对家是如此忠心，这让我很可怜它，我们最后决定带它一起走。正当我们在考虑怎样让它在路上变得安分一点的时候，这个难题突然不存在了。因为几天之后，它就死在了花园的矮树下，当我们发现的时候，它的身体已经变得僵硬了。它是被毒死的。是谁下的黑手呢？这让我们感到很气愤。

还有那只老阿虎。在搬家的时候，我们到处都找不到它。最后，我们不得不给了车夫一点儿钱，让他们帮忙寻找老阿虎，无论什么时候，只要发现它一定要把它带到新家这边来。车夫在运送最后一趟家具的时候带来了老阿虎。车夫可能是怕它跑掉了，就把它藏在了自己的座位底下。当我们把这个囚箱打开的时候，它已经被关在里面两天了，它那副样子让我不敢相信它就是我的老阿虎。

它像一头可怕的野兽一样从里面跑了出来，不停地挥舞着脚爪，嘴里流着口水，嘴唇上沾满了白沫，眼睛里满是血丝，浑身的毛都倒竖了起来，不知道是恐惧还是愤怒 —— 无论是神态还是风采，都与原来的阿虎截然不同，我们甚至怀疑它疯了。等把它仔细检查了一遍之后，我们终于明白，原来它并没有疯，只是被吓着了。可能是在车夫抓它的时候受到了惊吓，也可能是在黑暗中被关了两天，加上长途的旅行让它感到恐惧。至于到底是什么原因，我们不得而知。不过，从此之后它的性格有了很明显的变化，它变得粗暴、变得忧郁，不再自言自语，不再摩擦我们的腿和我们亲热。我们知道，这种亲热已经不能缓解它的痛苦了，但是它的这种痛苦是什么？来自哪里？我一直没搞清楚。终于有一天，我们发现它死在了火炉前的一堆灰土上，结束了它的忧郁和伤痛。我一直在想，如果它的体力还充沛的话，它会不会跑到老房子那里去呢？如果它是因为得了思乡病，而体力又不允许它回老家看一看，就这样郁郁而死的话，真是让人感慨！

在后来第二次搬家的时候，家里的猫已经完全换过一批了，老的死了，小的出生了。这些猫中，有一只小阿虎长得特别像它的先辈老阿虎。同老阿虎一样，它是我们搬家过程中唯一的麻烦。其他的小猫和它们的母亲都十分乖巧、顺服，从来不给人添乱，只需要把它们放进篮子里就行了，小阿虎却不得不被单独关进另一只篮子里，因为不这样的话，它就会闹得天下大乱。就这样我们上了路，一路上总算相安无事。

终于到了新居，我们先把母猫们抱出篮子。它们审视和检阅着陌生的环境，用鼻子一点点地嗅着新家具的气味，挨着屋子一间一间地看过去。最终，它们找到了属于自己的桌子、椅子和铺位。它们发出微微的"喵喵"声，眼里放出怀疑的目光，可能是这个陌生的环境让它们感到惊奇吧。为了不使它们感到害怕，我们轻轻地抚摸着它们，并送上一盆盆牛奶让它们喝。到了第二天，它们就习惯这里，就跟在原先的家里一样。

可是轮到小阿虎的时候，就完全是另一番情形了。我们把它安排到阁楼上，那里有好多空屋，这样它就可以自由地玩耍了。为了让它渐渐习惯新环境，我们轮流陪着它，还给它开小灶，它的食物是其他猫的好几倍。除此之外，我们还会随时把其他的猫也带到阁楼上去，给它做伴。这么做是想让小阿虎明白，在这个新家里它并不孤单。为了让它忘掉原先的家，我们想尽了办法。后来，它好像真的忘记了。它变得非常温顺，尤其是在我们抚摸它的时候，一喊它的名字，它就会边"咪咪"地叫着，边走过来，有时还把背弓起来。在关了一个星期之后，我们觉得它已经完全适应了这里，于是决定恢复它的自由，把它从阁楼上放了出来。它先是走进了厨房，同其他的猫一起在桌子边站了一会儿，后来又进了花园。我的女儿爱格兰怕它做出什么异常的举动，便紧紧地盯着它，只见它东瞅瞅，西瞧瞧，表现出一副乖巧听话的样子，最后踱步回到了屋子里。我们都很高兴，觉得小阿虎适应了这里，不必担心它出逃了。

可是到了第二天，我们才发现上了它的当。任凭我们"咪咪咪咪——"地叫了无数次，也始终没有见到它的影子！我们又到处去找，最终还是没有结果。它还是走了，可是能去哪儿呢？我说它应该回老家那里去了，可是家里人都不相信。

为了找到小阿虎和验证我的说法，我的两个女儿特意回了一次老家。果然不出我所料，小阿虎在那里被她们找到了。她们用篮子把小阿虎带了回来，它的爪子上和腹部都沾满了沙泥，不过现在天气干燥，没有泥浆啊。噢，我知道了，它一定是渡河回的老家，先是沾上了水，然后当它穿过田野的时候，又粘上了土，便成了身上的泥。而我们的新屋与原来的老家之间足足有四里半的距离呢！

这个逃犯被我们关在了阁楼上，等到再把它放出来，已经是两个星期之后了。可是，不到一天时间，它又跑了回去。我们拿它没有办法，只能让它自己选择自己的未来了。后来有一次，一位以前的老邻居来我的新家做客，谈起小阿虎的时候，他说他有一次见到小阿虎躲在篱笆底下，嘴里还叼着一只野兔。我想，是啊，它得靠自己的本领吃饭了，再也没有人喂给它食物了。从此之后，我们就再也没有过关于它的消息。我可以想象到它那悲惨的结局 —— 既然选择了做强盗，就得接受强盗的命运。

我讲了这么多关于猫的故事，就是想证明猫在辨别方向方面，有着和蜜蜂一样的本领。有这个本领的还有鸽子、燕子，它们能从几百里以外的地方找到自己的老巢。这样的鸟还有很多。在昆虫中，蚂蚁和蜜蜂很相似，它们都是群居，都非常勤劳。那么，蚂蚁是不是也像蜜蜂一样具有辨别方向的本领呢？我想弄明白这个问题。

我在一块废墟上发现了红蚂蚁的老巢。红蚂蚁是一种非常奇怪的蚂蚁，它们既不会抚育儿女，也不会出去寻找食物。为了生存，它们便去掠夺黑蚂蚁的儿女，然后把它们养在自己家里，将来当作奴隶使唤。红蚂蚁的这种不道德的做法让人不齿。

我经常在夏天的下午看到红蚂蚁出征，这支出征的队伍有五六码[1]长。当这支队伍靠近黑蚂蚁的巢穴时，其中的几只红蚂蚁离开了队伍往前走去，可能是进行间谍工作。剩下的蚂蚁继续前进，队伍在大地上蜿蜒前行，有时候穿过小径，有时出没于荒草、枯叶中。

等它们找到了黑蚂蚁的巢穴，就长驱直入。先是冲进黑蚂蚁婴儿的卧室里，把它们抱出巢。之后，红蚂蚁和黑蚂蚁在巢内要进行一番激烈的厮杀，结局总是黑蚂蚁被打败，只能眼睁睁地看着自己的孩子被强盗们抢走。

红蚂蚁们在回家的路上也挺有意思，让我们来看一下。

在一个大风天气里，我看到一队蚂蚁沿着池边前进，它们刚刚打劫归来。这队蚂蚁中很多都被大风刮进了池塘的水中，不幸成了鱼的美餐。不过，这一次鱼除了红蚂蚁以外，还意外收获了另一种美食，那就是黑蚂蚁的婴儿。蜜蜂会选择另一条路回家，蚂蚁很显然不会，它们回家总是沿着原路返回。

我不可能在蚂蚁身上消耗一下午的时间，所以我叫小孙女拉茜来帮忙，帮我监视着它们。关于蚂蚁的故事她很喜欢听，也曾亲眼看到红蚂蚁与黑蚂蚁的大战，对于我交给她的这项任务，她很高兴地接受了。只要是天气不错的话，我总能看到小拉茜蹲在园子里，瞪着小眼睛往地上张望。

有一天，我正在书房里看书，突然听到拉茜的声音："快来看啊！红蚂蚁进了黑蚂蚁的家了！"

"你还记得它们走的是哪条路吗？"

"是的，我在那条路上做了记号。"

"什么记号？你怎么做的？"

---

[1] 码：英美制长度单位，1 码等于 0.9144 米。

"我沿路撒了小石子。"

我赶忙跑到园子里，看到红蚂蚁们正凯旋，它们正是沿着小拉茜撒下的那一条白色的石子前进的。我用一片叶子从中截走了几只蚂蚁，把它们放到了别处，这几只蚂蚁就迷了路，而大部队则顺着原路回去了。这说明，蚂蚁并不能像蜂那样能找到回家的方向，它们能顺利回家，完全是依靠对沿途景物的记忆。这种记忆力很强，有时候它们会出征几天几夜，但只要沿途不发生变化，它们照样能够回来。

第六章　樵叶蜂

在园子里漫步的时候，经常会在丁香花或玫瑰花的叶子上发现一些小洞。这些小洞非常精致，就像是有人用巧妙的手法剪出来的一般，有圆形的，也有椭圆形的。有些叶子上只有几个洞，而有的叶子上的洞实在是太多，以至于只剩下了叶脉。这到底是谁干的呢？它为什么要这么干呢？是把叶子吃掉了，还是在搞恶作剧？这些叶子上的洞都是樵叶蜂所为，它的"剪刀"就是自己的嘴，这把锋利的剪刀再加上身体的转动，就在叶子上剪下一块来，留下一个小洞。这些剪下的树叶圆片被樵叶蜂做成小口袋，用来储存蜂蜜和卵。这种小口袋每个樵叶蜂巢内都有十几个，它们被一个个地堆放在一起。

最常见的樵叶蜂是白色的，身上还带着条纹。它常常寄居在蚯蚓的地道里，这种地道到处都有，在泥滩边会很容易找到。樵叶蜂只是利用地道的一部分来居住，那些又阴暗、又潮湿的地道深处，不但不方便排泄，偶尔还会遭受昆虫的暗袭。所以它只选择靠近地面七八寸长的那段地道来作为自己的居所。

樵叶蜂一生会与许多敌人打交道。很显然，地道并不是一个很安全的防御工事。那怎么办呢？这个时候，就用到了它从树上剪下的碎叶。

它用大量的碎叶片将地道的深处堵塞。这些碎片都是樵叶蜂随意从树上剪来的，大小不一，非常零碎。

在樵叶蜂的防御工事上堆放着五六个小巢，建造这些小巢所用的原材料也是樵叶蜂从树上剪来的小叶片。不过，建巢用的叶片比防御工事用的叶片要求要高很多，它们不但要大小相当，而且要形状整齐。用来作为巢盖的是圆形叶片，底和边缘则用椭圆形叶片来做。

我们说过，樵叶蜂剪树叶的工具是自己的嘴。它对自己的要求非常严格，要求自己剪出的树叶必须符合巢的各部分的要求。在设计巢的底部的时候，它非常精心，它用一片与地道截面正好匹配的叶片来做巢底。如果实在没有合适的，它会用两三张椭圆形的叶片来拼一个巢底。巢底必须与地道截面相吻合，绝不能留半点空隙。

它总是用一片正圆形的叶片来做巢盖，这张叶片非常圆，就像是用圆规画出来的一样。每次这个巢盖都能精确地盖到小巢上，没有一丝缝隙，非常完美。

等小巢全部建好之后，樵叶蜂就把到处剪来的，大小不一的叶片加工成一个栓塞，用来把地道塞好。

最让我们觉得不可思议的是，樵叶蜂剪下的叶子为什么会如此圆？它并没有测量用的工具，也没有可以参照的模型。有人推测，樵叶蜂本身就是一个圆规，它的尾巴固定在叶片上就像圆规的针固定在纸面上；它的头在叶面上转动，就像圆规的脚在纸面上转动。所以它能剪出非常标准的圆。我们的胳膊也是如此，你固定住肩膀，然后把胳膊抡起来，就在空中得到一个圆。但是这个圆的精确度，与樵叶蜂剪出的圆的精确度根本没法比。

那些被樵叶蜂剪来准备做小巢盖子的圆叶片，每次都能天衣无缝地盖在小巢上，没有丁点儿误差。这些小巢都建在地道下面，樵叶蜂不可能随时飞回去测量巢的大小，只是凭自己的感觉裁剪圆叶片。这些圆叶片不能太大，太大了盖不下；也不能太小，太小了就会掉到小巢里面去，会把里面的卵闷死。尽管要求如此高，但是你绝对不用担心樵叶蜂的技术，它能很熟练地从叶子上剪下符合自己要求的圆叶片，每次都是精确无比，从不失误，让人不禁怀疑，难道樵叶蜂懂几何学吗？

在一个冬夜，大家都围在炉火旁。我突然间又想起了关于樵叶蜂剪圆叶片的事情，便设计了一个小实验。

我对大家说："明天逢集 [1]，你们中有人要去置办东西。正好，我家厨房有一只罐子的盖被猫踢到地下打碎了。我想让他帮我带一只盖子，要求是不大不小，正好合适。我可以让他在去买盖之前仔细地观察一下这个罐子，但是不可以用工具来量，到了集市上，只凭借自己的记忆来挑选合适的盖子，你们谁能做到？"大家都面露难色，觉得这是一件不可能办到的事情。

这件事确实很难。可是相对来说，樵叶蜂的工作更难。我们至少还有一个碎掉的盖子做参考，樵叶蜂可没有巢盖做参考；我们往往是在摊贩的一大堆盖子中挑选，通过盖子间的相互比较来挑一个最合适的，而樵叶蜂完全不是这样，它在离家很远的一片树叶上，毫不犹豫地剪出一片圆叶，并能保证这片圆叶当巢的盖子百分之百没问题；我们必须借助测量工具、模型，或者是图样才能选好大小合适的盖子，可是樵叶蜂却什么都不用。在我们眼中不可能完成的事情，对于它来说就像小孩子玩游戏那么简单。

在具体运用几何学方面，樵叶蜂确实高我们一筹。无论是樵叶蜂的巢和巢盖，还是其他一些昆虫创造的奇迹，这都是我们结构学所无法解释的。我不得不承认，在某些方面我们还远不及它们。

---

[1] 逢集：指有集市的日子。

第七章　黄　蜂

　　我准备同我的小儿子保罗一起去参观黄蜂的巢。保罗眼力好，注意力集中，这对我们的观察都非常有帮助。当时是九月，风和日丽，我俩一边寻找黄蜂的巢，一边欣赏着路边的美景。

　　忽然，小保罗发现了一个黄蜂的巢。他指着不远处激动地冲我喊："看！黄蜂巢，那边有个黄蜂巢，没错，我看得一清二楚。"我朝着他指的方向看去，果然，在前方大约二十码的地方有一个黄蜂巢。

　　我们小心翼翼地接近那个蜂巢，脚步放得很慢很轻，生怕惊动了黄蜂。黄蜂非常凶猛，要是惊动了它，很有可能遭到它的攻击，那样的话就糟了。

　　我们在黄蜂的住所门边发现了一个裂口，这个裂口圆圆的，能放得下一个大拇指。这里一派繁忙景象，黄蜂们进进出出，飞来飞去，一刻也不肯停歇，非常热闹。

　　突然，我一不小心踩到了什么，发出了"噗"的一声。我被惊出了一身冷汗，这才意识到我们的处境是多么危险。这些凶猛的动物脾气暴躁，如果靠它们太近，很容易激怒它们，受到攻击。于是，为了安全，我们决定暂时停止观察。但是我们记下了蜂巢的位置，准备太阳落山之后再去探访。到时候这些战士应该会全部回营，我们的观察也会更全面。

如果没有经过精心准备，就决定去黄蜂的巢探险的话，那简直就是在冒险。我的装备是：半品脱[1]的石油，九寸长的空芦管，还有一块有相当坚实度的黏土。这些装备看似简单，但是非常有效。除此之外，我还在前几次与它们打交道的时候积累了一些经验。

对我来说，还要掌握一门非常关键的技巧，那就是让黄蜂窒息的方法。不然的话，就要牺牲自己的皮肤，那是我不能接受的。瑞木特在观察黄蜂习性的时候，会找人把活的黄蜂的巢放入一个玻璃空间里。他并不是自己动手，是雇用别人来干这件危险的工作。那些人为了得到优厚的报酬，不惜牺牲自己的皮肤，痛苦不堪。但是，我是自己上战场，我可不打算毁掉自己的皮肤。

我经过再三思考才决定实施计划，那就是将蜂巢内的黄蜂闷住，使它们窒息。这样，它们的刺就不会对人构成威胁了。我是用的石油让它们窒息，因为石油的刺激作用很小。这个方法虽然很安全，但是也很残忍。

我不能让全部的黄蜂都死去，因为我还要观察它们。要是它们都死了，没有了研究对象，那前面做的工作就白费了。现在我要思考的问题就是如何将石油倒入蜂巢中。蜂巢内的通道大致与地面平行，一直通到地下的巢窠（kē），长约九寸。如果你以为把石油倒在蜂巢的入口上就行了，那你就错了。因为泥土会吸走一部分石油，这样一来石油就无法到达地下的巢窠。试想一下，当你第二天兴致勃勃地去挖掘蜂巢，还自认为很安全的时候，殊不知，地下的那群黄蜂早已是火上浇油，这将给你造成非常大的威胁。

---

[1] 品脱：容积单位，主要在英国、美国使用，英制 1 品脱约为 0.568 升，美制 1 品脱约为 0.550 升。

为了阻止这种悲剧的发生，我准备了空芦管。它的长度与黄蜂巢窠中隧道的长度是相当的，都是九寸。当我把这根空芦管插入蜂巢的隧道中的时候，它就变成了一根自动引水管，会将石油迅速、一滴不漏地导入蜂巢。之后，我再将事先准备好的泥土塞入蜂巢的入口，就像给瓶子塞上了瓶塞一样，为的是截断黄蜂的后路。工作至此告一段落，剩下的就是等待。

　　我们是在晚上九点钟去具体实施这项计划的。当时夜色昏暗，月亮若隐若现。小保罗手提着一盏灯，我手里提着一个篮子，里面装满了我需要的工具。远处不时传来狗的叫声，路边的橄榄树上有猫头鹰在歌唱，躲在浓密草丛中的蟋蟀也不甘寂寞，不停地演奏着动听的音乐。小保罗对动物非常感兴趣，他向我提出了好多关于昆虫的问题，我一一解答着。我们在动物的歌声中快乐地交谈，这是一个多么美妙的夜晚。我早已将放弃睡眠和被黄蜂袭击带来的担忧抛到了脑后。

　　将芦管插入土穴中并不是一件容易的事情，这还需要一些技巧，因为事先你不知道孔道向何处延伸，需要费一番功夫去试探。而且有时候，巢中会突然飞出一个门卫，毫不客气地去攻击你的手掌。为了防止这种事情发生，我们其中的一个人负责在一旁盯着洞口，若是有黄蜂飞出来，就挥动手帕驱散它——有时候不可避免会被袭击，但尽管很疼，这个代价也不算太大，还是可以接受的。

　　把石油全部倒入巢窠之后，不一会儿就从地下传来了一阵喧哗、骚动的嗡嗡声。我们迅速地把洞口用湿泥堵起来，为了以防万一，还用脚踩实。在确认黄蜂已经无路可逃之后，我和小保罗的工作就完成了，于是打道回府。

　　第二天清晨的时候，我们又回到了这里，这次还带了一把锄头和一把铁锹。早一点去是一种明智的做法，因为可能有一些黄蜂晚上夜游，白天才回到巢中。如果被它们碰上你在挖它们的巢穴，你就完蛋了，它们会毫不客气地攻击你。另外，清晨气温低，可以浇灭它们心头的怒火。

我们看到昨晚的芦管还插在蜂巢的隧道中。我和小保罗在蜂巢上面挖了一条壕沟，并分别向壕沟的两边挖。我们挖得很小心，很仔细，将土一点点地铲去。在挖了大约有二十寸深的时候，蜂巢露了出来。看到自己的努力得到了回报，我们非常高兴。

这个蜂巢有大南瓜那么大，看上去非常壮观，非常美丽。除了顶端与土穴连接以外，其余部分都是悬空的。蜂巢顶部有许多类似根的东西，它们能进入墙壁内，将蜂巢同墙壁紧紧地连在一起，非常结实。如果根植入的那个地方是一块软土，蜂巢就会是圆形的，各部分也非常结实、匀称；如果是比较硬的沙砾，根在植入的时候会遇到许多阻碍，比较困难，此时的蜂巢，就不那么匀称了，什么形状都会出现。

在巢中的地下室旁边，往往会有一块空隙。这块巴掌大的空隙其实是一条街道，与通向外面的那条通道连着。辛勤的劳动者整天从这条街道上进出，它们不停地劳动，用自己的双手把家园建设得更美好，把巢穴建得越来越大，越来越坚固。在蜂巢的底下，还有一个更大的空隙。这个空隙的形状是圆圆的，就像一个盆，在蜂巢扩大的时候，这里也会跟着一起扩大。这个空隙的其中一个作用是盛放垃圾，是蜂巢中的垃圾回收站。没想到，蜂巢中的各项设施竟然如此齐全。

这个地穴是黄蜂的劳动成果，这是没有争议的，因为自然界的洞穴不可能这么大，同时又这么整齐。起初，这里可能是鼹（yǎn）鼠的洞穴，后来被黄蜂利用，数以万计的黄蜂把这里扩建、装饰成了一座美丽、壮观的建筑物。然而，你在蜂巢外不会发现泥土堆积。那么，这些被黄蜂挖出的泥土去哪了呢？答案是这些泥土被黄蜂们扔弃到了野外。在修建这个洞穴的过程中，黄蜂用身体往外附带土屑，并抛撒到离巢很远的地方。于是，蜂巢看上去很干净，看不出一丝挖掘的痕迹。

黄蜂用来做巢的材料是木头的碎粒，外表上看像一张纸，薄而柔韧。

这些"纸"有时候是棕色的，有时候是其他颜色，这个因所用木料不同而不同。如何让蜂巢起到保暖作用呢？黄蜂们很聪明，它们没有用整张"纸"去做巢，尽管那样也会起到御寒的作用。它们是把巢做成宽宽的鳞片状，这些"鳞片"一片片立起来，使得整个巢像地毯一样厚厚的，很有层次感。巢的表面有许多小孔，这些孔内都是空气，黄蜂就是用各层外壳中含有的空气来保持温度的。当天气很热的时候，蜂巢外壳的温度也一定会很高。

黄蜂建巢的过程都是一样的，无论是在杨柳的树孔中，还是在空的壳层里。它们首先用木头的碎片做成"纸板"，然后把这种"纸板"一层层地包裹到自己的窠上面。因为包裹的方式是一层层地重叠，所以产生了许多空隙。这些空隙中有一些不流动的空气，形成保暖层。黄蜂的建巢行动有一个统一的指挥，那就是它们的首领大黄蜂。

黄蜂们的一些动作非常符合物理学和几何学的定律，比如：空气本身是不良导体，但是却被黄蜂利用来保持温度；它们早在人类之前就开始做毛毯，并且技艺高超；它们在巢内筑造的房间无论是材料还是占的面积都很经济，只需要小小的一块面积，就能建造出很多房间。

这些建筑家是如此的聪明，但是有一点儿令人们感到奇怪。那就是在遇到一些小困难的时候，它们往往束手无策，显得很笨拙。一方面，它们身上有大自然赐予的本能，这些本能让它们像科学家一样工作；另一方面，它们除了本能之外智力相当低下，不懂得思考和反省。关于这一点，我做了大量实验来证明。

我家花园的路旁边正好有一个黄蜂的蜂巢。于是，我使用一个玻璃罩做了个实验。这种实验我不可能在荒野里做，因为那些孩子实在是太顽皮，很快就会把你的玻璃罩打碎，这个实验也就无法继续进行下去了。有一天晚上，看到黄蜂们都回家了，我便把玻璃罩罩在了黄蜂巢穴的入口处。我在猜想，当第二天黄蜂发现出不去了会怎么办呢？它们会不会另掘一条出路呢？它们是掘土的高手，并且从里面出来只需要在玻璃罩边上掘很短的一条路。那么结果怎样呢？

第二天天气很好，阳光照耀下的玻璃罩闪闪发光。这些辛勤的劳动者排着队从地下出来，它们要去寻找食物，但是它们显然没想到会有障碍，只见它们一次次地撞到玻璃上，跌落下去，又一次次地冲上来，丝毫没有气馁。它们在玻璃罩子里团团乱飞，有的见怎么也飞不出去，脾气开始变得暴躁；有的干脆飞回了屋里；还有的进去休息一会儿之后又重新出来顶撞玻璃罩。它们这样来回折腾着，却始终没有一只黄蜂想到去玻璃罩边上挖出一条小路，寻找自由。这说明黄蜂的智力和应变能力非常低下。

就在这时，从外面飞回了几只黄蜂，它们肯定是昨晚在外面过夜了。它们围着玻璃罩团团转，寻找着回家的道路。有一只带头的黄蜂决定沿着玻璃罩往下挖土，其他的黄蜂也纷纷效仿。就这样，在大家的努力之下，一条回家之路被打通了。外面的黄蜂欢天喜地地钻进了玻璃罩内，它们终于到家了。我赶紧将这条通道堵上——假设里面的黄蜂看到刚才的一幕，它们就明白该怎样出去了，我想看一下它们能不能通过自己的观察和努力逃出玻璃罩。

我想，无论黄蜂的智力多差，它们现在逃出去应该是没有问题的，因为那些刚刚进来的黄蜂已经指明了道路，它们肯定会从玻璃罩边挖土、掘地道，然后逃出去。

然而，事实让我很失望，它们没有从刚刚的成功上总结任何经验。现在的玻璃罩里面的场面依旧混乱，它们还是在盲目地乱飞乱撞，丝毫没有要掘土、挖地道的迹象。玻璃罩中每天都有黄蜂死去，有的死于饥饿，有的死于高温。一个星期过后，整个蜂巢中的黄蜂全军覆没，无一幸免。地面上铺满了它们的尸体，十分惨烈。

为什么外面的黄蜂能进去，而里面的却出不来呢？原因是，黄蜂能嗅到自己的家，并想方设法回家。对它们来说，回家是一种防御手段。这是它们的本能，是没有原因，无须解释的。它们一出生便知道世界上有许多障碍，为了返回到家的怀抱中，它们的本能会激发它们克服一切障碍。

但是，对于那些被困在玻璃罩子中的黄蜂来说，上面提到的那种本能对它们一点作用也不起。它们的目标就是到阳光中去寻找食物。这个目标很简单、很明确。玻璃罩这个透明的监狱，将它们都欺骗了。它们透过玻璃看得见阳光，便以为自己是在阳光中。它们想离阳光再近一些，想飞得更远一些去觅食，便不断地向前飞去，一次次地撞在玻璃上。它们越是出不去，希望就越强烈，与玻璃罩的搏斗就越激烈。很显然，这种搏斗是不起任何作用的。它们没有任何经验和类似的遭遇来教它们该如何行事。它们别无选择，只能继续遵循固有的习性。渐渐地，希望越来越小，生命渐渐远去。

揭开蜂巢，你会在里面发现许多蜂房。这些小房间上下排列着，中间有根柱子将它们紧紧连在一起。这些小房子分好多层，具体层数不定。在季末大约会有十层，甚至更多。每个小房间都是向下开口，在它们的社会中，幼虫无论进食还是睡觉都是头朝下倒悬着。

这一层一层的楼被称为蜂房层，每层之间都隔着很大的距离。在外壳与蜂房之间有一条路，它能连接到蜂巢的各个部位。有许多守护者进进出出，它们的职责是照顾蜂巢中的幼蜂。蜂巢的门户矗立在外壳的一边，只是一个没有装饰的裂口，十分简陋。人们怎么也不会想到，这样简陋的门里头，居然藏着一个丰富多彩的"大都市"。

一个蜂巢中的黄蜂数量相当大。努力工作是它们生活的唯一主题。它们主要的工作就是扩建蜂巢，以便让新增加的公民住得下。尽管它们自己不产幼虫，但是它们给予巢内的幼虫无私的爱和无微不至的关怀。

十月的时候，我把一些蜂巢的小片单独拿了出来。一是为了能够观察黄蜂的工作状况；二是看一下它们对于即将到来的冬季有什么反应。有许多卵和幼虫居住在这些巢的小片里面，大约有一百多只黄蜂精心地看护着它们。

我将蜂房切割开来，然后并排放着，使那些小房子的口都朝着上面。这样做的目的，是为了更好地观察它们。颠倒它们的生活状态看来并没有使它们感到厌烦，很快它们就习惯了新生活，并重新投入忙碌的生活中去，就像什么都不曾发生过一样。

它们不可能停止筑巢，我给它们准备了一块软木头做原料。我还喂它们蜂蜜，还用一个大泥锅来代替它们的土穴，并用纸板做成一个圆形的东西来遮挡光线，使得泥锅内部非常昏暗。但我需要观察它们的时候，我就会把纸板拿开。总之，我满足它们的任何需求。

黄蜂的生活还和以前一样，我对它们的这些骚扰都被它们忽略了。工蜂[1]们非常忙碌，往往要一边照顾蜂巢内的幼虫，还要一边筑巢。它们正在齐心协力地筑造一个新的外壳，来代替那个被我铲坏的外壳。它们的效率很高，没多久就筑起了一个屋顶。这个屋顶呈弧形，能盖住三分之一的蜂房。

我给它们提供的那根软木头，它们仿佛看不见，从来不去碰一下。那是我精心准备的，看来是出力不讨好，它们不习惯这种新材料，宁愿放弃也不去使用。它们选用的是那个废弃的旧巢，既方便又顺手。因为那些小巢内含有纤维，可以直接拿来使用，不必再去辛辛苦苦地加工。还有就是，这种材料能使黄蜂省下大量唾液。黏合这种材料，只需少量唾液即可。无论从哪一方面来看，这都是一种相当好的建筑材料。

接下来，它们把那些闲置的小房间全部粉碎，然后利用这些碎物做成了一件类似天棚一样的东西。如果需要的话，它们可能会用同样的方

---

[1] 工蜂：繁殖器官发育不完善的雌蜂。

法将天棚打碎，再建造出小房间。总之，它们灵活机动，不拘一格。

相对齐心协力筑巢来说，更有意思的是它们如何喂养幼虫。此时，它们的身份要来一个三百六十度大转变。刚刚还是刚毅的战士、辛勤的建筑工人，一转眼，它们就变成了体贴温柔的保姆。就在刚才还是斗志高亢的军营、热火朝天的工地，一变身，成了温馨宁静的育婴室，让人感觉妙趣横生。

蜂房里的宝宝又柔弱、又可爱，把它们照顾好可不是一件简单的事情——需要无微不至，还要有耐心。细心地观察，我们可以发现，一只正在忙碌工作的黄蜂，它的嗉（sù）囊[1]里充满了蜜汁。它停在一个蜂房门前，用一种挺特别的姿势将头伸到洞口去，然后把里面的小幼虫喊醒。它喊醒幼虫的方式很有意思，是用自己触须的尖儿轻轻地去碰幼虫。里面的幼虫感觉到之后，便微微张开嘴巴，样子像极了刚出生不久、嗷嗷待哺的小鸟张开嘴巴向母亲索要食物，非常可爱，同时不禁让人感到一阵温馨。

刚刚醒来的小宝宝左右摇摆着自己的小脑袋，迫切希望得到食物，这是它的本性使然。它可能是太饿了，盲目地探寻着外面黄蜂提供的食物。最后，它张开的双唇终于接触到了食物，"小保姆"嘴里流出一滴浆汁，流进了宝宝的嘴里。吃到了食物之后，小宝宝急切的心情总算平静下来。对于它来说，这一滴就已经足够了。外面的工蜂又马不停蹄地跑到下一个嗷嗷待哺的幼虫那里去，继续履行自己的职责。

这种口对口的喂食方法，让小宝宝享受到了大部分的蜜汁。但是，它们还没享用完呢，进食并没有结束。幼虫在进食过程中胸部会暂时膨胀起来，就如同人在进餐时围在脖子上的餐巾，一些洒出来的蜜汁就会滴到上面。等喂食的工蜂走后，小宝宝会把刚才滴到胸部的蜜汁吮吸干

---

[1] 嗉囊：鸟类或昆虫的食管后段的膨大部分，用来暂时贮存食物。

净。它们仔细地舔着自己的颈根处，一点儿食物也不浪费。等到把大部分蜜汁吞咽下去，确定自己不会再洒出来的时候，幼虫刚才隆起的胸会慢慢收缩进去。然后，它们往自己的房间里缩进去一截，又进入了梦乡。

我笼子里的蜂巢都是口朝上的，里面的小宝宝自然也是头朝上。这样，从它们嘴里漏出的食物自然是洒落到胸部上去。但是，自然界的蜂巢是开口朝下的，里面的小宝宝也是头朝下的，不过，我坚信，即使是头朝下，小宝宝隆起的胸部也会起到相同的作用，也会洒上从嘴中漏出的蜜汁，这是怎么回事呢？因为，在蜂巢中的黄蜂头都不是直的，是略微弯曲的。因此，它们即使是倒立着进食，依然会把食物洒在胸部。这些蜜汁非常黏稠，会紧紧地粘在幼虫的胸部，就算是喂食的工蜂想给这个幼虫开小灶，把多余的蜜汁直接放到幼虫的胸部，也是有可能的。这么说来，无论幼虫在巢中头朝上还是朝下，隆起的胸部都会起作用，因为这些食物非常黏，可以牢牢地粘在嘴边。对于幼虫来说，这个围在脖子上的"餐巾"的作用很大，就像是一个吃饭用的小碟，东西不大，但是用起来非常方便、顺手，能给生活带来不少便利。它还有一个作用，那就是小宝宝可以靠它储存食物，以免吃得太饱，撑坏肚子。

幼虫并不是一年四季都喝蜜汁。如果是在野外，每当到了年末的时候，大自然中的果品数量会非常少。这时候，苍蝇成了工蜂们喂食幼虫的首选。在喂食之前，苍蝇会被工蜂切碎。在我笼子中的幼虫比较幸运，我不给它们提供其他的食物，只提供蜜汁，这是它们最喜欢的，也是最有营养、最香甜的食物。

这些蜜汁让工蜂和幼虫都变得精力旺盛。要是有什么不受欢迎的客人闯入的话，它们的结局将很悲惨，工蜂会将它们置于死地。很显然，黄蜂这种动物不喜欢有客人来访。它们从来不礼尚往来，也不允许别人随意乱闯它们的家园。有一种蜂叫拖足蜂，它们的外表酷似黄蜂——无论是形状还是颜色。有时候它们会假扮黄蜂，去分享它们的蜜汁。可是黄蜂灵敏得很，一眼就识破了拖足蜂的伪装，立刻群起而攻之，直至拖足蜂被活活杀死。有的拖足蜂反应迅速加上逃跑及时，才侥幸躲过黄蜂的追杀。由此看来，乱闯黄蜂的领域实在不是明智的选择。即使是与黄蜂外表极其相似、动作举止几乎一样、工作内容大同小异，简直就可以说是黄蜂中的一分子，都是绝对不行的。任何不速之客黄蜂都不会轻易放过。因此，面对黄蜂这种动物，任何人、任何动物还是躲得远远的为好。

黄蜂的那种野蛮、残酷的待客之道，我已经不止见过一两次了。如果这位不速之客相当凶猛，很有杀伤力，那么在它被群攻致死之后，尸体会被黄蜂们一起拖到门外，扔到垃圾堆里。即使是面对如此凶猛的对手，黄蜂也不肯轻易使出自己的毒刺，还算是有点人情味。我曾经试着往黄蜂群中扔进一只锯蝇的幼虫，这个绿黑色的，像小龙一般的外来者引起了黄蜂们极大的兴趣。好奇过后，它们便发起进攻，把锯蝇的幼虫痛扁一顿。这个过程中黄蜂并没有使出毒刺，最后，锯蝇的幼虫被黄蜂们齐心合力拖出了蜂巢。但是，锯蝇的幼虫并不服输，不断地挥舞着双臂抵抗，最终，还是因为寡不敌众败下阵来。战斗结束了，锯蝇的幼虫浑身伤痕累累，沾满了血迹，被黄蜂扔到了垃圾堆上。尽管这只是一只锯蝇的幼虫，但是这场战斗很激烈、艰辛，耗时整整两个小时。

假设我想给黄蜂们出点难题，比如往蜂巢中放的不是弱小的幼虫，而是一种比较壮的幼虫，那会出现什么情况呢？我找了一种住在樱桃树孔里的幼虫，这种幼虫比较强壮，比前面的那只幼虫要壮很多。我把它扔到了蜂巢中之后，立刻有五六只黄蜂上来与它搏斗。这些黄蜂见这只幼虫比较难对付，纷纷使出毒刺。被黄蜂的毒刺一针针地插在身体上之后，没过几分钟，这只幼虫便一命呜呼了。这时，又产生了一个新问题，那就是这具笨重的尸体该如何处理。因为尸体太沉，黄蜂们无法将其移出巢穴，便会想办法减轻它的体重，直至能拖动为止。因此，它们便去吃这只幼虫，直到发现能拖动这具尸体为止。它们将吃剩的部分拖出去，扔到垃圾堆上。

黄蜂们如此团结而又勇猛地抵御着外来入侵者，再加上我精心提供的蜜汁，它们的外部环境和内部环境都得到了很好的保障。巢内的幼虫可以茁壮地成长，黄蜂的家族也越来越兴旺。不过，事情并非都这么一帆风顺。蜂巢内一些非常柔弱，或者运气不好的幼虫会早早夭折，它们甚至还没有见过天空，没有沐浴过阳光。

经过仔细观察，我亲眼见证了那些柔弱的幼虫是怎样一步步地走向憔悴、走向死亡的。关于这些，再也没有比它们的保姆知道得更多的了。工蜂用触须怜爱地触摸着幼虫，最后不得不面对现实，那就是这些幼虫已经无药可医，无法挽留了。然后，它将这个可怜的宝宝慢慢地拖出，无可奈何地扔到了巢外。黄蜂的社会充满了野蛮的气息，重病患者都不过是一些没用的垃圾而已，处理要越快越好，免得传染别的成员。不然的话，后果将十分可怕。还有比这更糟糕的，那就是冬天要来临了。冬天对于黄蜂们来说，无疑就是世界末日。

到了十一月，天气将变得非常寒冷，此时，蜂巢内的情形也不同于以往。蜂巢内不再一片繁忙，黄蜂们也不再辛勤劳作，往日热火朝天的筑巢场面不见了，飞来飞去储蜜的繁忙身影也不见了。饥饿的幼虫张大了嘴，但是它们等不到食物，或者偶尔能得到一点点救济品。以往贴心、勤奋的小保姆都不见了热情，都懒得往这里跑了。这些小保姆的心被一种深深的焦虑占据。它们知道，用不了多久一切就将不存在了。没过多久，饥饿降临了。同时，噩运也降临到幼虫头上。它们被活活地杀死，刽子手竟然是那些昔日里对它们悉心照料的小保姆，让人觉得不可思议。

这些小保姆是怎样想的呢？很简单。它们想，不久之后自己便会死去，到时候这些幼虫将无人照理，最终活活饿死。与其被饥饿活活折磨死，不如死在它们自己手中。尽管很残忍，但是长痛不如短痛。

说干就干，接下来工蜂便展开了一场大屠杀。它们凶残地咬住小幼虫的后颈，使劲将它们从小房间里拖出来，扔到巢外的垃圾堆上。整个过程非常粗暴、残忍，让人不忍心去看。

　　那些工蜂，也就是幼虫昔日的保姆，仿佛不认识那些幼虫了，对待它们像对待陌生人一样无情。它们从小房间里面往外拖幼虫时，仿佛拖的不是自己昔日的宝贝，而是一具具尸体。它们冷漠地拖着幼虫的尸体，甚至还会将它们撕碎。这些工蜂还会把一些小卵撕扯开，然后将其吃掉。

　　大屠杀过后，刽子手仍然苟延残喘地活在世间，但是看上去都无精打采。我想知道这些工蜂最终的结局，带着这份好奇，我一天天地观察着它们。结局出人意料，它们仿佛在一瞬间全死掉了。有的工蜂钻出蜂巢之后便跌倒在了地上，仰面朝天，再也没有爬起来，如同触电了一般。每个动物都有自己的生命周期，黄蜂也不例外，它们被自己的生命周期无情地扼杀了。这又有什么办法呢？就算是一只手表，当它发条走完之后，也会停止转动。

　　蜂巢中的工蜂老的老、死的死，但是母蜂却不一样。母蜂的出生日期比其他蜜蜂都要晚，因此它们也是最年轻、最强壮的。所以，当严寒逼近、严冬来临的时候，别的黄蜂都顶不住了，只有母蜂能抵抗一段时间。至于它们中哪些是走向暮年，开始衰老的，从外表上一望便知。有的蜜蜂背上粘着尘土，若是在它们年轻的时候，这是绝对不可能发生的。年轻的蜜蜂一旦发现自己身上有尘土，便会不停地拂拭，一直到身上那件黑色和黄色的外衣清洁、光亮为止。然而，当它们老了，有病了，就不再去拂拭自己的衣服了，认为那已经没什么意义了。它们更多的是停留在阳光中，一动也不动，慢慢享受最后的温暖，即使是偶尔动一下，也是很迟缓地踱步。

　　这样不再在乎自己的外表，并不是什么好事情。过不了几天，这些蓬头垢面的家伙，就会最后一次离开自己的巢。它们之所以来到外面，主要是想在死之前再享受一下阳光。突然，它们跌倒在地，再也没有爬起来。尽管蜂巢是自己的家，是自己最热爱的地方，它们也绝对不会死在巢里。这是为什么呢？因为黄蜂都遵循着一条不成文的"法律"，那就是绝对保持蜂巢内干净整洁。因此，它们不能死在自己房间里，变成一堆垃圾，而是自己解决自己的葬礼。它们往往会把自己跌落到土穴下的垃圾堆里。这些"法律"代代相传，活着的黄蜂将来也要遵守。

尽管我的屋子里依旧暖和，我依旧为它们提供蜜汁，但是笼子里却一天天空了下来。到圣诞节的时候，里面只剩大约一打[1]的雌蜂。到一月六号我再去观察的时候，发现就连这些雌蜂也全部死掉了，我的笼子彻底空了下来。

我没有让它们挨过饿，也没让它们挨过冻，更没有不让它们回家，那么它们为什么还是死了呢？这种死亡从何而来？

我想这不应该怪罪于我将它们囚禁，因为在野外的黄蜂身上，也会发生这种事情。年底的时候，我多次去野外观察黄蜂，也发现了这些问题。成群结队的黄蜂，接二连三地死去。它们的死因不是意外事故，不是疾病摧残，也不是受某种天气的影响，而是一种命运，是无法躲避的命运把它们的生命带走了。对于人类来说，这并不是一件坏事。设想一下，一只母蜂便会繁衍出一座三万"人口"的"城市"，假设它们都不死去的话，这将演变成一场人类的灾难。到时候，野外就成了黄蜂的王国，没人敢踏进半步。

到最后，蜂巢也将毁灭。一只普通的毛虫，一只赤色的甲虫，或者是其他的幼虫，都有可能是蜂巢的毁灭者。巢中的地板会被它们锋利的牙齿咬碎，其他的住房也会相继坍塌毁坏。到最后，除了几把尘土和几张棕色的"纸片"以外，什么也留不下。

---

[1] 一打：十二个。

等到来年春天，黄蜂们又活跃起来。它们充分利用废物，白手起家，建起自己的家园。在这个过程中，它们天才般的建筑天赋和高超的建筑技艺将得到充分的展示。黄蜂们的生活又回到了最初的起点，一切从零开始。它们家族庞大，约有三万居民，住在坚固的、崭新的城堡里。它们在这里繁衍生息，抚育小宝宝，抵御外来入侵者，为自己的劳动成果和家族的安全而战，在蜂巢内过着团结和睦的快乐生活。

第八章　新陈代谢的工作者

在这个世界上，有许多默默无闻的昆虫。尽管它们从来没得到过相应的报酬和称赞，但是它们依然在做着那些积极有意义的工作。一只鼹鼠死后，许多蚂蚁、甲虫和蝇类都会赶过去，在这个尸体上集合。你如果见过这种情景，可能会觉得恶心，甚至起一身鸡皮疙瘩。你一定会觉得这些昆虫肮脏无比。这样想的话，你就错了。它们正对这个世界做着清洁工作，这对整个自然界和人类社会是很有益的。让我们来观察一下其中的几只蝇。

碧蝇你一定见过，它还有一个更被大众所熟悉的名字叫"绿头苍蝇"。它长着一对红色的大眼睛，还穿着金绿色的外套，非常漂亮。

它们在非常远的距离外就能闻到动物尸体发出的异味，它们会立刻赶过去，在尸体上产卵。几天之后你再去看那个尸体，你会发现尸体变成了一摊液体，其中还涌动着几千条蛆。你可能会觉得这令人感到恶心，但是这是处理尸体最好的方法。这些蛆把腐烂发臭的尸体变成了一摊液体，液体又化作肥料，滋润了大地。

难道没有苍蝇在上面产卵，这些动物尸体就没有其他途径解决掉吗？当然有其他方法，不过，这些尸体自然风干，然后再化成灰泥需要的时间太长了。不仅是碧蝇，其他蝇类的幼虫也有把尸体化成液体的本领。我做过一个实验，我把一块煮得很老的蛋白给碧蝇吃，结果它们很快就将这块蛋白化作了一摊液体。它们是如何做到的呢？我们人类的胃里会分泌胃液，胃液会把食物消化掉。同样道理，蝇的嘴里能分泌一种酵母素，能把动物尸体化成液体。蝇类幼虫维持生命用的也是这种液体。

除了碧蝇之外，其他蝇也会做这种分解尸体的工作。当你在屋子的窗户上看见几只飞不出去、急得嗡嗡叫的蝇时，没有必要像对待蚊子一样对待它们。你可以把它们放回到大自然中，它们在室内没有用处，相反你还要防备它们停落到食物上，但是，它们一旦都来户外，就会忙着搜寻死去的动物尸体，以最快的速度把它们化成无机物，土壤吸收了这些无机物之后会更加肥沃。

除了蝇类以外，还有其他昆虫参与到分解尸体、净化自然的工作中来吗？当然有，下面介绍的食尸虫就是其中的一种。

四月里，你会在田间的路边发现一些被农夫打死的鼹鼠；孩子总是顽皮的，甚至有些残忍，他们用石头砸死了一只路过篱笆下面的绿色蜥蜴；有的人非常恨蛇，在路上见到蛇就忍不住上前把它踩死；巢中的雏鸟对这个世界很好奇，忍不住把身体探出鸟巢，一阵大风吹过，它不幸地摔死在地面。大自然中的生命实在是太脆弱了，每时每刻都有一些动物死去。那么，它们死后又会变成什么呢？令人恶心的腐烂只是一时的，它们很快就会被清理得无影无踪。

大自然中从来不缺乏这种清洁工。第一个跑来的是蚂蚁——什么事都少不了它们，它们从尸体上切下自己能搬动的小块。就在小蚂蚁切割的同时，肉香吸引来了苍蝇，这种双翅目昆虫会在尸体上繁衍蛆虫。各种虫子接踵而来，扁平的葬尸虫、迈着碎步的腐阎虫、白肚皮的皮虫、身材纤细的隐翅虫，等等。这些虫子的嗅觉很灵敏，它们不断地在空气中搜寻着尸体腐烂的气味，然后赶过去。

不过是死掉了一只鼹鼠而已，没想到竟然会引来如此多的虫子，它们在尸体上狂欢着，十分热闹。如果你是善于观察和喜欢思考的人的话，会发现这具尸体和这么多虫子组成了一个特殊的实验室。那就让我们忍住恶心来观察一下吧！首先用你的脚尖把这具尸体掀开，你会发现它的底下聚集了无数正在攒（cuán）动的虫子。它们十分忙碌，干得热火朝天。葬尸虫拖着宽大的鞘（qiào）翅[1] 就像是穿着丧服一样，看到有人来打扰，它们就立刻逃窜，躲进了地缝里；腐阎虫的身体十分光亮，就像是抛过光的乌木，看到有人来了，它们也立刻扔下手头的工作，迈着碎步逃走了；有一只皮虫最搞笑，它也想逃走，但是它忽略了自己刚刚吸入的一肚子血脓，一下子没飞起来，在地上栽了个跟头，将它那长着雪白斑点的肚皮露了出来，那副狼狈样让人不禁捧腹大笑。

它们见了我就四散而去，刚才它们都在干什么呢？很明显，它们是在消化死亡，创造出新的生命。它们将腐臭、恶心的动物尸体消化掉，将一切丑陋、肮脏消化掉。它们的速度是那样快，用不了多久，腐烂的尸体就被掏空得只剩一副骨架，像是一具标本。

过会儿还会来一种能手，虽然它们的个头不大，但是它们是最有耐心的。它们的工作方式是按部就班，一根毛一根毛，一块皮一块皮，一根筋一根筋，一块骨头一块骨头地吞噬这具腐尸。它们就是这样净化了大自然，真是伟大啊！我们把这具鼹鼠的尸体放回原处，离开这里。

在春季农耕的时候，牺牲的动物不只有鼹鼠，还有蟾蜍、游蛇、田鼠、鼩（qú）鼱（jīng）[2]、蜥蜴等。这些死去的可怜的动物将成就另外一种动物，它拥有一个极好的名声——土壤改良器，这种动物就是食尸虫。从它的名字上我们也可以看出它的职业。尽管整天与死尸打交道，

---

[1] 鞘翅：昆虫的前翅，质坚而厚，具有保护后翅和体躯的作用。

[2] 鼩鼱：世界上体重最小的哺乳动物，外形酷似老鼠，以蚯蚓、昆虫等为食。

但是食尸虫身上的各个方面都透露着高雅、奢华，与它的工作看上去是那么的不相配。它的身上散发出一种香味，与尸体的腐臭形成明显的对比；再看它的穿着，触角末端缀着一对红绣球，黄色的法兰绒裹在胸前，鞘翅上还有两条朱红色佩带，并且带有齿形花边。与食尸虫相比，前面逃掉的那些虫子简直拿不上台面，天生一副哭丧样。

食尸虫不参与尸体的解剖。它并不像葬尸虫、皮虫、苍蝇一样，见到尸肉就上去大吃一顿，它的工作更确切来说是为死者掘墓、下葬。食尸虫的胃口很小，只需摄入少量食物就能维持生命。因此，你见它只是在新发现的尸肉上面轻轻地碰几下而已，这几下接触它就完成了进食。相对于自己来说，它更多考虑的是自己的家庭。它把尸肉拖入洞穴，当作给幼虫预备的食品。食尸虫平时走路看上去迟缓，甚至有点儿脚步蹒跚。但是，当它往家搬尸肉的时候却是出奇的麻利。它的工作方法也与其他虫类不同。其他昆虫往往都是将尸肉吃掉，将骨架留下，现场往往是一片狼藉；而食尸虫从一开始就将现场收拾得干净利落，它往往是先用土将尸体掩盖，然后封闭操作，从里面往外带出尸肉，最后只剩下一个小土堆，像是一座小小的坟墓。

凭着这种干净、简便的工作方法，食尸虫不愧是最优秀的野外净化器。除了这些以外，它的心理机制也非常出名。有人认为，这种给别的昆虫掘墓、下葬的收尸工已经具备了理性的智能，甚至比公认的，最聪明的昆虫——蜜蜂智商还要高。我从案头的参考书《昆虫学导论》中摘录出了两个关于食尸虫的故事，都十分有趣。这两个故事让食尸虫大放光彩。

书中说道："根据克莱尔维尔在报告中所写，他见到一只死去的老鼠，一只食尸虫在一旁准备将其掩埋。无奈老鼠身下的土地太硬了，食尸虫只好在不远处另找了一个地方挖坑。坑挖好之后，食尸虫试着将老鼠挪进坑中，但是它用尽了全力也没法将老鼠移动，于是它飞走了；它放弃了吗？当然不是。不一会儿它就飞回来了，还带着四个救兵；在同伴的帮助下，食尸虫完成了自己的目标，将老鼠拖进土坑内，并将其埋葬。"作者认为，这种行为令人非常惊诧，食尸虫的举动带有明显的理性思维。

书中还写道："格莱迪茨有一次叙述了一件关于食尸虫的事情，也能说明这种动物非常有理性。他有位朋友想得到一具蟾蜍标本，在将蟾蜍尸体风干的时候，他怕有虫子来破坏，就用一根木头立在地上，将蟾蜍放在木头的顶端。就在其他虫子一筹莫展的时候，食尸虫显示出了它高人一等的智能。它在木头底下刨土，最后木头倒下了，那只死去的蟾蜍被它抢走了。"

透过这些事例，我们可以看出食尸虫的高超智能。它不仅懂得找人帮忙，还懂得推理，让人十分敬佩。在我看来，这种简单的推理和人类早期的哲学观十分相似。不过，这些故事到底是不是真的呢？是不是有人随意编造的呢？如果从别人编造的故事中得出了一个十分严肃的结论，那岂不是很好笑、很天真。

在我看来，天真没有什么不好，尤其是在昆虫学领域。在很多人眼中，天真是犯傻，是精神失常。确实是这样，没有一点儿天真的话，谁会把时间全部消耗在虫子身上？那是孩子才会干的事情。我们都天真地热爱着，但是我们不会像孩子一样天真地相信一切。在判断动物是否具有理性思维之前，我们应该先具备理性思维。最直接有效的办法就是做实验，让实验得到的结果、数据来说话。如果单凭着几个实例就归纳出某种昆虫的特性的话，那是不严谨的、不能令人信服的。

伟大的掘墓工，我绝不是在诋毁你的智能，我也从来没有想要这么干。恰恰相反，我在大量收集你的事迹，并把这些事迹中体现出的聪明才智都一一指出。这些事迹哪一个都不比那些挖掘木棍得到蟾蜍之类的差。有朝一日，这些事迹会让你们大放异彩。

我的目的并不仅仅是使你们得到一种名声而已，不是这样的。历史是由实事构成的，是由无数个实事不断发展构成的。我想做的只是想确认一下，人们认为你们拥有逻辑推断、判断的能力，我只想你们诚实地告诉我，这是不是真的，你们到底具备不具备。这就是我的目的。

想弄清楚这个问题，不能存在侥幸心理，不要指望哪天碰巧看到食尸虫在表现它的聪明才智。我们还是要用一贯的做法，那就是将其装入笼子，带回实验室。这样就可以随时观察它们了，还可以把你想得出的一切考验它们的方法都用上。在我们这里，食尸虫并不多见，怎样给笼子找到合适的居民呢？在当地有一种食尸虫的近亲，被称作现场食尸虫。它们的数量非常少，往年的话，一春天找到三四只就算不错了。今年想多捉几只的话，必须要动一下脑子，要不然，就无法满足实验需要了——实验最少也得需要十二只。

这些小东西本身就少，再加上来无影去无踪的，要是满山去找，就像大海捞针，不会有所收获；再说，四月份是进行试验的最好时间，要是四月份过去了还不能给笼子找到足够数量的主人的话，那就前功尽弃了。我们有什么智谋呢？其实也很简单。我们变被动为主动，不去跟在虫子后面找，而是收集大量的死鼹鼠，守株待兔，让虫子自投罗网——它们的嗅觉非常灵敏，和猎狗有得一拼，到时候闻到尸体在太阳下腐烂的味道，肯定忍不住从四面八方赶过来。

我家附近的土地十分贫瘠，到处都是散落的碎石。幸好附近有个菜农，他每隔两三天来我家一次，带来那些在肥沃土壤中长出的蔬菜。我向他说明我的需要，那就是需要大量的鼹鼠，他是一个好人，痛快地答应了我的请求。其实他们对于这种破坏蔬菜和庄稼的动物恨之入骨，恨不得将它们永远消灭。这个菜农回去后设置了更多的陷阱，并且增加巡逻次数，用铁锹将那些不幸被他撞到的破坏者砸死。我则在家里焦急等待，此时对于我来说，这些鼹鼠远比蔬菜重要。

开始的时候，这个老实的菜农觉得我的要求很好笑。他不明白，我为什么将这些讨厌的农田破坏者看得如此珍贵。尽管他痛快地答应了我的请求，但是我看得出，他的心里还在嘀咕。他说不定在想：这个家伙要这么多鼹鼠干什么？难不成是想用鼹鼠皮做一件法兰绒衣服吗？这可是治疗风湿痛的好方法。

鼹鼠被按时送到，有时候是两只，有时候是三只，还有时候是四只，每次都是用菜叶包着，放在筐底。对于我这个奇怪的要求，这位忠厚朴实的老实人从来没有多问。没过多久，我就拥有了三十多只鼹鼠。我将它们在院子里随处摆放，地点都是那种光秃秃的地面，便于到时候收集猎物。

剩下的工作就是等待了，我每天跑好几趟，去翻看那些鼹鼠的尸体。这桩差事一点儿都不累，但是十分恶心。如果是一般人，绝不可能完成。就连我的家人，这一次也躲着我，尽管他们看惯了我捣鼓各种虫子。只有我的小儿子保罗帮助我，他非常敏捷，用小手抓虫子比我麻利多了。我觉得自己从事的是很严肃的研究工作，但是请看看我的助手吧，一个不识字的菜农、一个幼小的孩子。

有了小保罗和我轮流值班，我们守着这些腐肉的时间就不会太长。天上的风将腐肉的味道吹向了四面八方，收尸工们纷纷而至。最开始我们捉到了四只食尸虫，到最后我们一共捉到了十四只。在此之前，我捉到的所有食尸虫也没有这次捉到的多。以前的捕捉都是很随意的，没有经过事先策划，更没有使用过诱饵。看来我这次的计谋非常成功。

我先谈谈食尸虫在正常情况下的工作情况，然后再向你们展示一下笼子里面的那些俘虏。食尸虫从来不挑食，它们没有特别喜欢的野味，也没有不喜欢的。除此之外，它们也不去考虑猎物的大小，不考虑自己能否搬得动。总之，它们是碰上什么吃什么。它们的猎物有鼩鼱那么小的，也有田鼠那样大的，还有鼹鼠、阴沟鼠、游蛇那样巨大的。那些巨大的食物，它们根本就不可能搬动，更不可能将其掩埋掉，因为这些猎物太大了，食尸虫想挪动它们，简直就是蚍蜉撼大树。

蜂类中的胡蜂、砌蜂、土蜂还有蛛蜂，都是把洞穴挖掘在自己觉得合适的地方，然后把猎物飞运过去，如果猎物太大，它们便徒步前行，将猎物拖到洞中。食尸虫与之不同，若是遇到非常大的猎物，它们搬运不动，又不舍得放弃，便会就地掘坑。

腐尸所在的地点是固定的，是食尸虫无法左右的。这些地点有时候在土质疏松的土壤上，也有时候会在满是石子的硬地面上；腐尸底下或许会露着地皮，也有可能是草丛，甚至铺着枯枝烂叶和树根，还有一种情况，那就是在半空中，挂在荆棘丛上。这也很正常，当这种让人憎恨的动物被捉住，断送掉生命以后，会被铁锨（xiān）远远抛出去，落到哪里都是有可能的。不管落到哪里，没有食尸虫克服不了的困难。

既然大自然要它们面对各种情形，那它们肯定懂得随机应变，会利用各种地形展开工作。它们的判断力虽然很弱，但是它们能够积极地调整对策，针对不同的情形，拿出相对应的解决方案。无论是锯、折、抽还是抬、摇、挪，它们都运用自如。试想一下，如果它们只懂得一种技能，不会随机应变的话，那么它们将难以适应大自然的变幻莫测。

我们知道，根据一个事例就对虫子的某种特性下结论是不严谨的，哪怕这个事例确实体现了虫子在某些方面的理性。我们知道，昆虫的一举一动都是有它自己原因的，那么，在它们做事情之前会不会就可能碰到的问题想好对策呢？想知道这个问题的答案，就得知道它们工作的全过程。从它们工作的第一步着手，每一步都要弄清楚它们的动机，每个证据都不能是独立存在的，要有别的证据证明，这样追查下去，就能找出问题的答案。

首先让我们来看一下它们的食物。食尸虫是环境净化工作者，它们接触任何腐臭的尸体，无论是哪种死去的动物，天上飞的也好，地上跑的也好，都有可能成为它们的对象，两栖动物和爬行动物它们也不放过。在第一次遇到的物种面前，它们也毫不退缩，比如说某种红鱼，也就是中国的金鱼。我把一条死去的金鱼放进笼子中，食尸虫们立刻将其包围——尽管此前没有见过，它们也一点儿都不犹豫。最后，这条金鱼的命运同其他猎物一样，被埋进了土里。后来我又拿猪肉、羊排、牛排试过，结果都一样。就像我们上面提过的一样，食尸虫不挑食，只要是腐尸，它们统统会想办法将它藏起来。

要想让食尸虫不间断地工作，以便维持我们的实验，并不困难。一旦它们的食物吃完了，我们便可以再给它们另一种食物，反正它们不挑食，给什么吃什么。它们的工作车间问题也很好解决，一个钟形的笼子就足够了。我们先找来一个瓦罐，在里面结结实实地装满沙土，然后把笼子放在这个瓦罐上。除此之外还得预防猫，它们也会被腐肉的味道吸引。我们只需将一个封闭的玻璃罩罩在笼子上就能将猫拒之门外。玻璃罩是实验室中很有用的一件工具，夏天可以用来罩虫子，冬天可以用来罩植物，给它们当暖室。

看看具体的工作过程吧。这个笼子中一共有四只食尸虫，死鼹鼠的尸体就在笼子中央。鼹鼠身下的土壤十分疏松，这也给食尸虫的工作带来了便利。从外面看不到食尸虫工作，因为它们都蜷缩在尸体下面。我们只看到鼹鼠的身体在动，一拱一拱地动，这是它下面的食尸虫搞的鬼，不知道的还以为这只鼹鼠死而复活了呢。忙了一段时间之后，一只食尸虫从下面钻出来，绕着尸体转了几圈之后，又钻回了地下，像是出来勘察地形一样——它过一会儿还得出来进去一回，这种勘察要重复好几次。

食尸虫在底下工作时间越长，上面的尸体就颤动得越厉害，朝各个方向摇晃、颠簸；同时，从尸体下面挖出的土围着尸体堆了一圈。就这样，周边的土越堆越高，这说明尸体底下的坑也越挖越深。尸体底下的土被一点点挖走，尸体失去支撑，也一点点儿下陷。从外面看，仿佛是一只鼹鼠陷入了沼泽一般。

随着食尸虫们在地下不断地挖土，以及不断地摇晃、拉扯、抖动尸体，周边堆积的沙土也一起下落，覆盖到鼹鼠尸体上面。这样一来，就省得食尸虫自己动手掩埋，沙土会自己填满洞穴。食尸虫的爪子尖锐，像铲子一样；它的脊梁结实，能拱得比自己大得多的鼹鼠一动一动的，对于这一行来说，这些也就足够了。如何晃动死尸也是一个很关键的技术，它可以大大地压缩死者的体积，即使洞口的直径很小，也能保证尸体通过。这项技术的作用还不止这些，其他的我们过一会儿就会看到。

鼹鼠虽然慢慢地沉入地下，但是离预定的深度还差得很远。接下来的工作无非就是继续向下挖土，没有什么新意。就让食尸虫继续干吧，我们过两天再来看一下。

两天过去了，我们回到了食尸虫的工作基地，让我们看一下发生了什么吧。此时我的身边只有小保罗一个人，只有他有胆量跟着我来瞧个究竟。至于别人，想都不用想。

此时的鼹鼠已经面目全非，变成了一团可怕的东西，呈暗绿色，散发着恶臭，绒毛早已不见，蜷缩的身体光溜溜的，像一张肉饼。这张肉饼像是经过了精心加工似的，尤其是鼹鼠的绒毛，为什么会脱得如此干净呢？是食尸虫担心这些绒毛影响自己孩子进食而专门去除的吗？还是随着尸体的腐烂，它们自己脱落的呢？这一点我至今也没搞清楚。我随后翻看了其他小组的食尸虫的工作情况，大致一样。原本长有绒毛的动物皮毛都不见了，原本长有羽毛的鸟禽羽毛也不见了，只有一些爬行动物和鱼还留着鳞片，非常奇怪。

我们再将目光聚集在这团模糊的肉上，难以相信这就是几天前的那只鼹鼠。这团肉被食尸虫放在宽敞的洞穴中，四周都是厚厚的墙壁。这团肉是食尸虫送给自己子女的礼物，是它们在刚出生时的食物储备。食尸虫父母为了维持体力，偶尔轻轻地接触一下这团肉，吸食几口上面的血脓。除此之外，它们决不动这团肉一下。

有两只食尸虫在一边日夜守着这团肉，这是一对夫妻。这让我产生了一个疑问，这个小组的食尸虫一共有四只，三雄一雌，当初挖坑的时候也是四只，为什么现在就只剩了一雄一雌了呢？另外两只雄虫去哪了呢？后来我才发现，它们蜷缩在距离地面很近的土层中，与下面的肉团保持有一定的距离。

这种情形并不是每一次都能见到：每次挖坑掩埋尸体的时候，都是雄性一马当先，出力最多，使得工程很快得以完工。但是，等到尸体下葬后，便会只留下一雄一雌，其余的雄性食尸虫悄然撤离。

在昆虫界，父辈一般都是不承担家庭义务的，或者出力特别少。但是食尸虫不是这样，它们当中雄性是家族中的绝对主力。在其他昆虫中，一般的规律都是雌性要被雄性抛弃，然后独自抚养儿女，雄性则是典型的游手好闲、好吃懒做；食尸虫与之截然相反，它们当中的雄性吃苦耐劳，工作勤奋，是响当当的男子汉。它们不仅为自己的家庭劳动，还会帮助其他家庭出力，任劳任怨。如果一对夫妻碰到了一具尸体，但是无奈于尸体体积太大，不用担心，一会儿，就会有其他的食尸虫顺着腐肉的味道寻找过来。它们会主动地充当帮手，帮助这对夫妻将尸体埋入土中。等工作结束以后，它们悄悄离开，只剩下一对欢喜的主人。

帮手走后，剩下的工作就简单了。这对夫妻默契配合，脱净皮毛、揉打尸体，使它变成一团絮状肉团，这将是幼虫最喜欢的食物。至此，一切工作都结束了。这对夫妻钻出地洞，来到地面上，然后分道扬镳，就此分手，重新开始各自的生活 —— 很有可能也去充当别的食尸虫的帮手，去报答别人的帮助。

在昆虫界中，为自己的子女无怨无悔地付出的我只见过两例，一是推粪球的甲虫，再就是专与尸体打交道的食尸虫了。这两种昆虫可以算得上是昆虫界的模范了，别的昆虫在它们面前都应该无地自容。

接下来再说说它们幼虫的情况。我只是简短地介绍一下，因为大家对它们可能很熟悉，这不是一个太吸引人的话题。

在五月下旬的一天，我从地下挖出了一只褐家鼠，这是食尸虫两周前埋下的。这只褐家鼠已经变成了果酱一般的血肉模糊，十分可怕。我在这团肉中发现了一些食尸虫的幼虫，其中好多已经长大了，身材很标致。我在里面还发现了成虫，原来并不是所有的夫妻都会在完工后分道扬镳。它们是彼此眷恋对方，还是共同眷恋自己的孩子？不得而知，也有可能是共同眷恋这顿丰盛的大餐，想和子女一同分享。

这个家庭成长的时间很快。大约半个月前这只褐家鼠才被埋入地下，现在它们就变成了一群身强力壮的小家伙，真是让人难以置信。由此可见，它们吃下去的那些腐肉，在我们看来肮脏、恶心、有毒的物质，对它们是多么有营养，可以令幼虫迅速成长，迅速发育。尽管是腐肉，但是幼虫还是在抓紧时间摄入它们，因为继续腐烂下去就会变成汤汁，渗入大地。争分夺秒地进食让幼虫迅速成长，迅速成长的它又变得胃口大开，争分夺秒地进食。这是一个循环，它们会赶在腐肉进一步变质之前，就将它们全部吃到肚子里去，充分消化掉。

幼虫浑身赤条条的，非常苍白，并且看不见东西，这些都是在黑暗中生活造成的特征。幼虫的外形怪异，呈拱形，还带有一个小小的尖顶；一对黑色大颚强壮有力，拿来解剖尸体最合适不过；爪子很短，所以平时走路脚步蹒跚。

那些没有离开洞穴的食尸虫父母，此时非常狼狈。它们整日在腐肉的泥浆中钻进钻出，浑身不但沾满了肉汁，还生满了虱子 [1]。不知道它们是否记得自己当初的模样，四月的时候，它们还在鼹鼠的尸体底下挖

---

[1] 虱子：一种寄生动物，以吸血为生。

坑，那时的它们衣着鲜艳，光彩亮丽；这才过了不到两个月，它们却变得如此肮脏、污秽。寄生虫彻底地包裹了它们，甚至连关节缝里面都有，从外面看，像是穿了一件连体外衣。此时的食尸虫形体也已经走样，我用毛笔帮它们将身上的虱子刷下，但是没那么容易，这些寄生虫被赶下去之后会立刻不甘心地再次爬到食尸虫身上，并牢牢地抓紧。

好人无好报，无论是食尸虫还是推粪球的甲虫，它们不仅是昆虫里面不可多得的模范，还都是清洁大自然的卫生标兵，尽管如此，它们的结局却都是落在卑鄙的寄生虫手里，令人不胜唏（xī）嘘（xū）[1]。它们奉献了自己的一生，对家庭和对大自然都做到了问心无愧，没想到最后的结局竟是如此的惨淡。大自然就是这样，像这种所谓不合理的事情还有的是。

说食尸虫是模范，一点儿都不夸张，可惜的是，这个模范没有当到底。在六月的中上旬，食尸虫停止了工作。尽管我不断地往笼子里投放死去的动物，但是它们也停止了挖坑。笼子里显得死气沉沉的，特别闷，隔一段时间，就有一只食尸虫跑到地面上来透透气，垂头丧气的，样子十分颓废。

有一件事情非常奇怪，凡是从地下爬上来散步的食尸虫，不是缺了胳膊就是少了腿，而且都是从肢体的关节处断掉的，十分蹩脚。有一次，一只食尸虫从地下爬出，除了一只脚以外，其余全部手脚都断掉了，它就靠着这些残腿断臂在地上匍匐前行，身上还挂满了寄生虫，那副样子惨不忍睹。这时，一只年轻的食尸虫跑到了它的身边，结束了它的生命，甚至连它的肚子都掏空了。剩下的那些食尸虫也难逃厄运，最后也是被同伴吃掉，有的被吃掉了几条腿，有的则被吃掉了大半个身子。几个月前还互帮互助的它们，为何反目成仇、互相残杀呢？

---

[1] 唏嘘：感慨，叹息。

我们从史书上知道，有些部落为了不让老去的人受到病痛的折磨，干脆把老人杀了以帮助他们解脱。在这些人看来，朝老人的心脏上捅一刀，或者是朝老人头上狠狠地击一棒，这就是他们的孝心。这是不开化的，食尸虫恰巧也拥有这个习俗。它们过一天是一天，知道自己已经没有了价值，索性也不再劳动，苟延残喘的滋味确实不好受，等死还不如自己结束生命呢，这就是它们的想法。

对于那些杀死老人以尽孝道的部落来说，我们可以理解他们是为了食物这么做。如果缺吃少穿的话，他们会淘汰弱者，毕竟当时的社会还不太开化。但是食尸虫，它们为什么会这样做呢？我从来没有缺过它们的食物，甚至还提供给它们平时不常见的那些天上的飞鸟和水中的鱼，可以说是非常丰盛。所以说，它们的杀戮与食物无关。我把它理解成动物在衰老前的丧心病狂。这些在生命结束前的反常表现还是有规律可循的：它们年轻力壮的时候为了家庭和子女辛勤劳作，后来的它们什么都拥有了，便无所事事，游手好闲。到了最后，它们的无聊心情达到了极点，便开始折断同类的手足，甚至将同伴吃掉；如果被吃掉的是自己，它们应该也不会在乎，看看自己行动不便的腿脚，看看自己衰老的容颜，看看自己满身的虱子，还有比死去更好的解脱吗？

第九章　蝉

对于蝉的歌声，我们大多数人都不大熟悉，因为它们生活在那种有许多洋橄榄树的地方。读过拉封丹寓言的人，基本上都记得蚂蚁对蝉的嘲笑，尽管第一个讲述这个故事的人并不是拉封丹。

故事中讲：蝉在夏天里无所事事，整日高歌，而蚂蚁则忙着储藏食物。到了冬天，蝉因为没有储存下粮食，整日饥肠辘辘。它到蚂蚁家去借粮食，结果遭到了一番羞辱。

蚂蚁骄傲地问蝉：“你为什么不在夏天收集一点食物呢？”结果蝉回答说：“夏天我太忙了，要整日歌唱。”

“唱歌是吧？”蚂蚁不客气地说：“那好啊，你现在可以跳舞了。”说完之后就转身离开了。

拉封丹在这个寓意故事中想讽刺的不一定是蝉，可能是螽（zhōng）斯[1]，英国就常把螽斯翻译为蝉。

冬天怎么会有蝉存在呢？这种常识，就连我们村的老农夫都知道。在这里，几乎每个耕地的人都能识别蝉的幼虫。天气转冷的时候，人们

---

[1] 螽斯：昆虫，身体绿色或褐色，雄虫的前翅有发音器，商周时期人们把蝈蝈和蝗虫统称为螽斯。

把洋橄榄树根部的泥土铲起，便可以轻而易举地找到它们。我至少有十次目睹它们蜕变成蝉的过程：它们从土穴中爬出，然后紧紧地抓住树枝，等背上裂开，把外面的一层皮蜕掉，就变成了一只蝉。

蝉虽然需要邻居们的照应，但它并不是什么乞丐，这个寓言纯粹是造谣。每当到了夏天，蝉便来我家门外唱歌。它一直躲在那两棵高大的法国梧桐的绿荫中，从日出到日落，它那粗糙的歌声让我头昏脑涨。在这种振聋发聩（kuì）[1] 的合奏和无休止的鼓噪面前，人不可能产生任何思想。

有的时候，蝉也确实会和蚂蚁打交道，不过，情况与前面寓言中说的恰好相反。蝉从不靠别人生活，更不用说去蚂蚁面前求食了。相反，蚂蚁在饥肠辘辘的时候会到蝉的门口去乞食。它弄出一副可怜的样子去恳求这位歌唱家，不对，不是可怜地恳求，是厚着脸皮去抢劫。

七月里，昆虫们在到处寻找能解渴的饮料，那些枯萎的花让它们感到失望。而此时，蝉却依然在枝头不停地歌唱，丝毫没有体会到半点口渴。它的嘴像锥子一样尖锐，是一个精巧的吸管，平时收藏在胸部，口渴的时候，便把嘴钻进柔滑的树皮，里面是饮之不竭的汁液，可以让它喝个痛快。

这样，我们就能找到它遭到意外烦扰的原因了。附近有很多口渴的昆虫，它们发现蝉的嘴下是一口能流出浆汁的"井"，于是它们便跑去舔食。这些昆虫有黄蜂、苍蝇、玫瑰虫等，而蚂蚁是其中最多的。

蚂蚁身材很小，它们总是偷偷地从蝉的身子底下爬过，到达"井"边。此时，蝉都是很大方地抬起身子，放它们通行。有的大昆虫很无耻，它们到"井"边喝到一口后便赶紧跑开，等到它们再回来的时候，便想把蝉赶走，霸占这口"井"。这些昆虫中最坏的就是蚂蚁。

---

[1] 振聋发聩：发出的声响很大，使耳聋的人也能听见。

有一次，我看见几只蚂蚁紧紧地咬住蝉的腿尖，还有的爬上它的后背，拖住它的翅膀。甚至有一次，我亲眼见到一个暴徒抓住蝉的吸管，想尽力把它从"井"中拔掉。面对越来越多的麻烦，歌唱家的脾气再好也无可奈何，只得无奈地离开。于是蚂蚁占据了这口"井"，但虽然它们达到了目的，这口"井"也很快就会干涸。吃完了里面的浆汁后，蚂蚁为了再图一次痛快，还会再找机会去抢劫别的"井"。

看到了吧，事实的真相正好与寓言相反，当乞丐的是蚂蚁，而辛勤劳作的却是蝉！

我居住的环境很适合研究蝉，我们就像一家人一样住在一起。早在七月初，我屋子门前的那棵树就被它占领了。在屋子里，我是主人，可是到了外面，最高统治者却是它。而且，它的统治总是让人觉得不舒服。

蝉最早会在夏至的时候出现。那时在许多道路两旁的地面上，会有一些圆孔，这些圆孔与地面持平，大小同人们手指的粗细差不多。蝉的幼虫就藏在这些圆孔中，它们从地下爬出，然后在地面上变成蝉。这些幼虫有一种有力的工具，可以帮它们穿越泥土和沙石，到达干燥而阳光充沛的地方。

我掘开了它们的洞穴，决定仔细观察一番。在这个一寸口径的圆孔中，没有一点尘埃，洞外面也没有泥土堆积，这让人们觉得奇怪。像其他的大多数掘地昆虫，例如金蜣，总有一堆土在它们的窝巢外面。蝉则不一样，这是因为它们的工作方法不同。金蜣是从洞口开始工作，由上往下挖，所以只能把掘出来的泥土堆在洞口，而蝉的幼虫是从地底下钻上来的，由下往上挖，它们工作的最后一步才是钻出地表，在此之前是没有洞口的，所以它们的门外是不会堆积泥土的。

蝉的隧道一般有 15—16 寸深，通行顺畅，下面的部分会比较宽，隧道的底端是封闭的。那么，修筑隧道的时候产生的泥土都去哪儿了呢？墙壁为什么不会垮塌？人们都以为蝉在隧道中爬上爬下靠的是有爪的腿，但是，如果是这样的话，墙壁不早就被弄塌了吗？这些问题的答案到底是什么呢？

其实很简单，矿工会选择支柱支撑隧道，铁路工程师会用墙砖使地道加固。蝉的聪明丝毫不比他们差，它选择的加固隧道的办法是往墙上抹水泥。蝉的体内有一种黏液，可以用来做灰泥，因为地穴常常建在植物根须上，很容易就能从这些根须上取得汁液，这些灰泥和汁液被搅拌成水泥，抹到墙上。

对于蝉来说，穴道的畅通无阻是一件很重要的事情，因为它需要经常爬到上面去观察气候。做成一道坚固的、适宜爬上爬下的墙壁往往要耗费它好几个星期甚至一个月的时间。它在隧道的顶端留下了一指厚的一层土，这层土的作用是抵御外面气候的变化，直到它出去为止。如果外面天气好的话，它就会爬上来，透过上面的那层土，感受外面的气候变化。幼虫蜕皮变成蝉的时候很脆弱，需要小心谨慎。因此，当它预知外面有狂风暴雨的时候，便会溜到隧道底下，但是如果觉得外面的天气很暖和，它便会把天花板打破，爬到地面上来。

它臃肿的身体里面有一种液汁，这种液汁可以帮它解决掉尘土的问题。它一边掘土，一边将液汁洒在上面，和成泥浆。这样，洞内的墙壁也就更柔软、舒适了。它还会把这些泥浆压进干土的裂缝中，主要是用自己那肥胖的身体。当我们在洞口发现它的时候，还会发现它身上有许多湿点，就是用身体往裂缝中压泥留下的。

蝉的幼虫第一次来到地表世界的时候，它要为自己找一个合适的地方蜕掉身上的那层皮。它在洞口附近徘徊着，这种地方可能会是一棵小矮树、一丛百里香，也可能是一片野草叶、一枝灌木枝。

确定地点后，它就爬上去，一动不动，开始蜕皮。它用前足紧紧地抓住脚下，外层的皮开始裂开——一般都是背部首先裂开，透过裂开的皮我们可以看到里面的蝉，嫩嫩的，呈淡绿色。头、吸管、前腿按顺序依次出来，后腿和翅膀最后出来。这个时候，身体已经完全蜕变出来了，只剩下身体的最后尖端那部分还没有完成蜕变。

这个时候，它会做出一个奇怪的动作，就像是体操一样。它把身体腾空，只留下一点固定在旧皮上，然后翻转身体，使头朝下，再慢慢地打开双翼，布满花纹的双翼被竭力张开。接下来，它用前爪钩住自己的空皮，竭尽全力将身体翻上来，将身体的尖端从壳中脱出，彻底地摆脱了束缚。整个过程大约需要半个小时。

刚刚蜕变的蝉在短时间内不会十分强壮。此时，它的身体很柔软，还没有足够的力气和漂亮的颜色。对于此时的它来说，沐浴阳光和空气是最重要的。它把羸（léi）弱[1]的身体摇摆于微风中，只用前爪钩住自己脱下的壳。这种状态会一直持续，直到自己变得像平日里我们见到的蝉一样，身上出现棕色。假如它是在上午九点钟到达树枝，那么在十二点左右它应该就会飞了。它弃下的壳会保留在树枝上，有时候能存放一两个月。

蝉非常喜欢唱歌，有一种像钹[2]一样的乐器在它翼后的空腔里。这不能让它满足，为了增加声音的强度，它还把一种响板安置在胸部。蝉为自己的嗜好付出了很大的代价，这种响板体积很大，为了在胸部安置它，蝉不得不将自己的生命器官压到身体一个小小的角落里。为了安置乐器不得不缩小体内的器官，听上去不可思议，可谁让它那么热心委身于音乐呢。

不幸的是，这些它如此喜欢的音乐，却完全不能引起别人的兴趣。因此，我至今还没发现它唱歌的目的是什么，通常都以为它是在招呼同伴，显然，这种想法是错误的。

---

[1] 羸弱：瘦弱。

[2] 钹：中国传统打击乐器，由两个中心鼓起的圆铜片相击发声。

到现在，我与蝉做邻居已有十五年的时间了。每个夏天都差不多有两个月的时间，这段时间里，它们总在我的视线中，歌声更是不绝于耳。我通常都是在筱（xiǎo）悬木[1]的柔枝上看见它们，它们排成一列，比肩而坐，不时会把吸管插到树皮里，悄无声息地完成一顿狂饮。它们在夕阳西下的时候离开，沿着树枝，脚步沉稳，飞向温暖的地方。它们的歌声从来不会停止，饮水和行动时也不例外。

这样看来，它们并不是叫喊同伴。你试想一下，假如你的同伴就在你面前，你会去用整月的时间叫喊他们吗？应该不会。

我觉得，即便是蝉自己，也未必能听到自己唱的是什么。可能它只是想用这种方式强迫别人听而已。

蝉的视觉非常清晰，它有五只眼睛，任何左右以及上方发生的事情都逃不过它的眼睛。当看到有谁向它跑来，它便立刻停止歌唱，安静离开。但是它不会被高声喧哗惊扰，无论你是在它的背后讲话、吹哨子，还是拍手、撞石子，蝉都会继续发声，依然镇静，就像跟它没关系一样，要是一只鸟的话，早已惊慌而逃了。

有一次，我借来两支土铳（chòng）[2]，这是乡下人办喜事时用的。土铳里面装满了火药，即使是最隆重的喜事，都不可能放这么多。我将土铳放在门外的筱悬木树下，并小心翼翼地把窗户打开，以防震破玻璃。树枝上的蝉看不到我们在下面干什么。

我们当时有六个人，都在下面热心地关注着头顶上的乐队，看看它们会不会受到影响。"嘭！"枪放出去，像是晴天霹雳一样。再看树上的蝉，仍然继续歌唱，没有受到半点影响。它们不但神情没有表现出一丝的惊恐和慌乱，就连音质和音量都没有一点儿变化。接着我们又放了

---

[1] 筱悬木：法国梧桐。

[2] 土铳：一种管形土造火器，用火药来发射铁弹丸。

第二枪，情况同第一枪一样。

这次试验可以让我们确信，蝉没有听觉，就像一个聋子。因此，它丝毫听不到自己所发出的声音！

普通的蝉喜欢在干的细枝上产卵，这些枝的粗细大都介于枯草与铅笔之间。这些小枝干，大都是差不多已经枯死的那种，一般都向上翘起，垂下的很少。

蝉找到觉得合适的细树枝之后，便在上面刺上一排小孔，工具是胸部尖利的部位。这些孔中的纤维被撕裂、微微挑起，看上去像是用针刺的。排除外界的打扰，它通常能在一根枯枝上刺上 30—40 个孔。

它就在这些小孔里产卵，这些小孔像一条狭窄的小路，一条条斜穿进树枝的小路。通常情况下，每个小孔内约有 10 个卵。这样算来，这根树枝上的卵有 300—400 个。

这看上去是一个很温暖的大家庭。之所以要产这么多卵，是为了防御特殊的危险，要预备这些卵中将会被毁坏的一部分。那么，这种危险是什么呢？我经过多次的观察才知道。

这种危险指的是一种极小的蚋（ruì）[1]，它们个头很小，蝉在它们面前简直是庞然大物。和蝉一样，蚋也有穿刺工具，只是位置不同而已——位于蚋身体下面靠近中部的地方，如果伸出来，会与身体成直角。蚋会在蝉卵产出的第一时间立刻将其毁坏。对于蝉来说，这真是家族中的灾难！蝉只需动一动脚，就可将它们轧扁，然而蚋却毫无顾忌，异常镇静，在蝉这个大怪物前面不改色，令人十分惊讶。有一次，我看到了一个倒霉的蝉，三个依次排列的蚋在一旁等待着掠夺它的卵。

蝉在一个小孔中产完卵之后，就会移到稍高处，去做其他的孔。蝉前脚刚离开，蚋后脚就跟过来，尽管还处于蝉的爪子的活动范围内，蚋

---

[1] 蚋：昆虫，吸食人畜的血液，幼虫生活在水中。

却一点都不顾及，格外镇静，就像在自己家里一样。它们在蝉卵上刺一个孔，在孔内产下自己的卵。等到蝉产完卵，飞走的时候，别人的卵已经加进了它的孔穴内，蝉的卵就会被这些冒牌货毁掉。每个小穴内都有一个破坏者，这种卵成熟得很快，它们会以蝉卵为食，替换掉蝉的家族。

这种悲剧不知道已经发生了多少个世纪，然而，可怜的蝉母亲仍一无所知。它的眼睛大而锐利，完全能看见这些恶人。它能察觉到后面跟着居心叵测的昆虫，本可以轻而易举地将其消灭，但是它没有，它宁肯牺牲掉自己的卵。它改变不了自己的本能，也就不能让家族免遭破坏。

我在放大镜里见过蝉卵的孵化过程。开始的时候，它就像很小的鱼，有大而黑的眼睛，一种鳍（qí）状物长在它的身体下面。这种鳍状物有些运动力，是由两个前腿连在一起组成的，既可以帮助幼虫冲出壳外，还可以帮它走出有纤维的树枝。

鱼形幼虫一到穴外，就会立刻把皮脱去。这些脱下的皮会形成一种线状物，幼虫们正是靠着这些线状物附着在树枝上。它们在树枝上沐浴阳光，活动手脚，有时还会懒洋洋地在绳端摇摆，这种好日子会一直持续到它落地之前。

触须变得自由了，左右晃动；腿也可以来回伸缩了；爪子不停地一张一合。哪怕风再小，幼虫都会在风中翻跟头，摇摆不定。这是我欣赏过的最精彩的杂技了。

用不了多久，它就要从树上落到地上。这个小动物的个头跟跳蚤一般，为了防止在硬地面上摔伤，它不断地在绳索上摇荡，它的身体也渐渐变硬。现在是时候投入残酷的实际生活中去了。

此时，它面临着许多危险。比如说，被风吹到硬硬的岩石上，吹到有污水的车辙中，或是黄沙和黏土上，那样的话它都将无法钻入地下。

现在这个弱小的动物急需藏身，所以它必须马上钻到地底下，在那里寻觅一个藏身之地。天气越来越冷，它不得不四处寻找适合自己的软土，剩下的时间已经不多了，它们中有许多在还没有找到合适的地方之前就死去了。

最终，它寻找到了适当的地点，并立刻投入工作中，用前足的钩耙挖掘地面。我从放大镜中看到，它挥动"斧头"，用力掘土，并将土抛到地面上。只需要几分钟，土穴就能建好，这个小生物钻进土穴，把自己藏了起来，谁也找不到它。

有些秘密至今还没有人破解，比如说未长成的蝉在地下如何生活。我们知道的，仅仅是它在爬到地面上来以前，要在地下生活很长时间，大概四年。然后，阳光中的歌声持续不到五个星期。

这就是蝉的生活，在地下忍受四年的黑暗，然后在地面上痛快地享受一个月。我们不应该指责它歌声中充满了烦躁和浮夸。因为它忍受了四年的地下掘土的生活，现在它有机会可以穿漂亮的衣服，有机会与飞鸟匹敌，有机会沐浴温暖的日光，它想歌颂它的快乐、歌颂它的生活，那种钹的声音再合适不过，这段地表生活如此难得，而又如此短暂。

第十章 螳 螂

　　在南方有一种与蝉一样的昆虫，虽然它不怎么出名，但是很能引起人的兴趣。它不能像蝉一样唱歌，因为它没有钹。如果有的话，它的声誉肯定比那些有名的音乐家要大得多，因为它的形状与习惯都十分奇特，适合成为一名出色的乐手。

　　在古希腊时期，这种昆虫被叫作螳螂，或先知者。它常常在太阳的焦灼中半身直起，立在青草上；薄翼宽阔而又轻柔，如轻纱、面膜一般，轻轻地拖曳着；前腿形同臂膀，伸向半空。它的态度很庄严，看上去就像是在祈祷，所以，后来就有人称呼它为祈祷的螳螂了。

　　这是一个天大的错误，那种真诚的姿态是装出来骗人的，高举着双臂看似在祈祷，其实那是最血腥的利刃，只要有别的动物经过它身边，它便立刻用它的凶器加以捕杀，丑恶的本性暴露无遗。它专门以活着的昆虫为食，如饥饿的老虎般凶猛、如妖魔般残忍。看来，它那温柔的样子不过是一副假象，假象下面藏着一股杀气。

　　单从外表上来看的话，螳螂不但不令人生畏，反而看上去很美丽。它纤细而优雅，体色是淡绿的，长翼轻薄如纱，灵活的颈部使得它的头可以朝任何方向转动。它是唯一可以向各个方向凝视的昆虫，真正能做到眼观六路，再加上它的面孔，便构成了螳螂的温柔。

螳螂的娴美优雅是天生就有的。除此之外，它还有一样东西是特有的，那便是生长在它的前足上的那对武器。它们不但极具杀伤力，并且极富进攻性，可以用来冲杀，也可以用来防御。它身材苗条，长相美丽，这与它这对冷酷、暴力的武器形成鲜明的对比。这种反差让人不得不相信，这种小动物身上并存着温存与残忍。

如果你见过螳螂，你就会很清楚地发现，它的腰部非常纤细、非常长，除了细长以外，它的腰还特别有力。它的大腿也很长，甚至比腰还要长。而且，它的大腿下面还生长着两排锯齿一样的东西，十分锋利。一些大齿生长在这两排锯齿的后面，一共有三个。看上去，螳螂的大腿简直就是两排有刀口的锯齿。为了不伤到自己，当螳螂想要把腿折叠起来的时候，都是把两条腿分别收放在这两排锯齿的中间，这样很安全。

螳螂的小腿也很有趣，如果说螳螂的大腿是生长着两排刀口的锯齿，那么它的小腿就是两排锯子。生长在小腿上的锯齿比大腿上的还多，而且还有不同之处，那就是小腿上的锯齿末端还有很硬的钩子，尖而锋利，像金针一样。除此之外，锯齿上还有一把刀子，双面开刃，像修剪花枝用的剪刀一样，呈曲线状。

这些小硬钩曾经给过我许多不愉快的记忆，每当想起来，都会心有余悸。这样的经历我有过许多次，那就是在我到野外去捕捉螳螂的时候，这个小动物会拼命地保护自己，还会对我发起强有力的还击，这让我总也捉不住它，反过来还会被它那厉害的"暗器"抓住手。它一旦抓住你，就轻易不肯松开，让你无法摆脱它，没有办法，只得请求别人相助。我想，在我们这种地方，这种小小的螳螂应该是最难捕捉的昆虫，再也没有什么其他的昆虫可以与之相比。因为螳螂身上有许多武器，所以，当它身处险境的时候，它有多种保护自己的方法可以选择。比如，它可以用如针的硬钩去钩你的手指；它可以用锯齿般的尖刺去扎、刺你的手；

它还可以用一对十分锋利、健壮无比的大钳子去夹你的手，被它夹住手的滋味可不太好受。它有这么多有杀伤力的武器，让你拿它没辙。因此，要想活捉这个小动物，你得动一番脑筋，否则的话，很难将它捉住。它的个头比人类不知道要小多少，却能威胁到人类。

它在休息、不活动的时候，显得格外平和。它将身体蜷缩在胸坎处，安静地一动不动，看上去没有半点攻击性，温和得让你以为它真是一只热爱祈祷的小昆虫，与平时那个异常勇猛的捕食机器相比，大相径庭。但是，这些只是暂时的，不然的话，它身上的那些进攻、防卫的武器也就派不上什么用场了。无论是什么昆虫，也无论是无意路过还是来侵袭，只要你走近螳螂，它就会立刻收起那副祈祷的面孔。就在刚刚还在蜷缩着休息，立马就展开三节的身躯，那些可怜的路过者，有的还没来得及反应，就被螳螂的利钩俘虏了。螳螂把它用两排锯齿重重压住，使它移动不得，然后，用钳子将对方用力夹紧，结束战斗。蝗虫、蚱蜢，甚至是更加强壮的昆虫，只要被螳螂俘虏，就无法逃脱这四排锋利锯齿的宰割，只好束手就擒。这时，螳螂便显出了它捕食机器凶残的一面。

如果你想详尽地研究、观察螳螂的习性，在原野里是几乎不可能的，你必须把它拿到室内来。想让螳螂在室内快乐地生活很简单，只需把它放在一个用铜丝盖住的盆里面，盆里再加上一些沙子。剩下的工作，就是给它提供充足、新鲜的食物。这些必需的食品，会让它生活得很满意。如果我想做一些试验来测量一下螳螂的筋力有多大，那么它的食谱中不仅要求有活的蝗虫和蚱蜢，还需要有一些最大个儿的蜘蛛，好让螳螂的身体更加强壮。下面就是我给螳螂喂食后观察到的情景。

有只灰色的蝗虫不知危险、无所畏惧，迎面朝着螳螂跳了过去。那只螳螂显得十分生气，摆出了一副让人诧异的姿势，而那个小蝗虫此时也被吓傻了，充满了恐惧。这到底是个什么样的姿势呢？我敢说，你们从来没见过。螳螂极度地张开它的翅膀，把翅像船帆一样地竖了起来。

之后，它又将身体的上端弯曲起来，像一根弯曲着手柄的拐杖一样，还不时地上下起落着。除了动作奇特以外，它还会发出一种奇特的声音，听上去特别像毒蛇喷吐气息时发出的那种声响。螳螂摆出的这副姿态表明，它时刻准备迎接挑战——竖起身体的前半部分，张开那对东挡西杀的前臂，这样的一种姿势，除了准备迎战以外，没有更好的解释。

螳螂在摆出这种令人诧异的姿势之后，一动不动，眼睛死死盯住敌人，也可以说是俘虏，随时准备开战，投入激烈的战斗。螳螂的目光始终不离开蝗虫，哪怕蝗虫只是轻轻地、稍微移动一点位置，螳螂都会立刻转动一下它的头。螳螂的这种盯人战术目的很明显，就是让对方对它感到惧怕，并让这种恐惧深入敌人的心灵深处，让这个不久以后就将成为俘虏的敌人不堪重负。螳螂希望能在战斗打响之前建立心理优势，使敌人陷于不利地位，以便使其不战自败。它现在的虚张声势、假装凶猛，还有奇怪的架势，其实都是在用心理战术震慑敌人，真不愧是个心理专家。

结果，螳螂精心安排的这个心理战术非常成功。那个刚开始还天不怕、地不怕的小蝗虫被吓傻了眼，真的把螳螂当成了凶猛的怪物。对面螳螂奇怪的样子让它不敢松懈，紧紧地注视着对方，一动也不动，在没有弄清敌人的实力之前，它是不敢主动发起进攻的。于是，这种一向善于蹦蹦跳跳的昆虫，现在竟然不知所措，甚至忘了逃跑。"三十六计，走为上策"，但是此时的蝗虫早已慌了神儿，完全忘记了这一招。只见它唯唯诺诺、老老实实地伏在原地，不敢发出半点声响，生怕稍不注意，便会一命呜呼，样子非常可怜。可能恐惧得失去了理智，它甚至向螳螂的方向移去，靠近了自己的敌人。它竟然恐慌到这种地步，自己主动去送死，这让我们更加佩服螳螂的心理战术。

面对着送上门来的大餐，螳螂毫不客气。就在蝗虫移动到螳螂的活动范围之后，螳螂立刻发动袭击，毫不留情地用它的大钳子使劲地击打着可怜的蝗虫，同时用小腿将它压紧。这样，无论蝗虫怎样负隅顽抗，都是无用之功。接下来，就是进餐时间了，胜利者开始咀嚼战利品。对于这样的结局，螳螂想必是满意的。它有一个信条永不改变，那就是像秋风扫落叶一样地对待敌人。

蜘蛛在捕捉食物、攻击对手的时候，常用的招数是：先发制人，先下手为强。它一上来就猛烈地刺击敌人的颈部，使其中毒。对手中了它的毒之后，自然也就浑身无力，不能继续抵抗了。螳螂与蜘蛛有一个共同特点，那就是在攻击蝗虫的时候，首先打击的也是对方的颈部。这种重重的击打，再加上蝗虫自己的诚惶诚恐，让蝗虫逐渐丧失运转能力，动作变得迟缓。由此可见，击打对手颈部这招既有效又实用。这一招螳螂屡试不爽，几乎每一次都能帮助它取得战斗胜利，就连对付比自己个头还要大的对手的时候，这种方法也是十分有效的，那些大小相仿的动物，就更不用说了。不过，有一点让人感到奇怪，那就是螳螂这种昆虫个头并不大，却十分贪吃，能一次吃下非常多的食物。

那些爱掘地的黄蜂是螳螂最喜欢的美餐之一，它们也因此常常受到螳螂的青睐，它会经常在黄蜂的地穴附近出没。所以，如果你在黄蜂的窠巢附近看到有螳螂的身影，不要感到奇怪，这是一件很正常的事情。每次螳螂都是在蜂窠的周围埋伏，等待着时机的到来，有时候还能收获双重大礼。什么是双重大礼呢？有的时候，黄蜂会携带着俘虏回来。这样一来，螳螂收获的就不仅仅是黄蜂本身了，而是双份的俘虏，这就是所谓的双重大礼。不过，螳螂并不是每一次都会这么走运，有的时候，等半天什么也等不到，只得无功而返。这里面最主要的原因是，黄蜂提高了戒备。但还是有一些马虎的黄蜂，虽已发觉但仍不当心，结果被螳螂看准时机，一举擒获。为什么黄蜂的命运如此悲惨呢？为什么总会遭到螳螂的毒手呢？原因很简单，黄蜂刚从外面回家，振翅飞来，这个时候埋伏在一边的螳螂突然跳出，这些毫无戒备的黄蜂被突如其来的敌人吓了一跳。它们心里稍微迟疑一下，飞行速度就会忽然减慢，螳螂抓住时机，以迅雷不及掩耳之势直扑过去。只在一瞬间，螳螂便用那长有两排锯齿的大钳子秒杀对手。出其不备、以快制胜是螳螂赢得这场战斗的关键。而那个不幸者，成了螳螂的一顿美餐，被一口口地吃掉。

有一次，我见到了这样有趣的一幕：一只黄蜂抓获了一只蜜蜂，并把它带回自己的巢穴中享用。正当它在享用这只蜜蜂体内的蜜汁的时候，突然遭到了螳螂的袭击。这只螳螂十分凶悍，黄蜂无力还击，只得束手就擒。可是，就在被俘以后，这只黄蜂还没有停下进食，还在不停地吃蜜蜂嗉袋里储藏的蜜。此时，螳螂的那对大钳子已经有力地夹在了它的身上，可它依然沉浸在那香甜的蜜汁中，让人不可思议。看来"人为财死，鸟为食亡"这句话说得一点儿都没错！

通过上面的介绍，我想我们已经对螳螂有所了解了，它是一种凶狠、恶毒、魔鬼附体一般的昆虫。它看上去挺有气质，但这也是假象。你甚至想不到，它们的菜谱里面不仅仅有其他昆虫，它们连自己的同类也会吃掉。也就是说，螳螂会吃掉其他螳螂、会吃掉自己亲人。这太让人不可思议了。

让人难以接受的是，它们在咀嚼自己的同类的时候，竟然面不改色心不跳。那副样子，简直和它吃蝗虫、蚱蜢的时候没什么区别，仿佛没什么大不了的。此时，在一边围观的其他螳螂毫无反应，好像这种事情见多了，麻木了一样。不仅如此，这些观众还纷纷摩拳擦掌，等待着时机。一旦有机会，它们也会毫不手软地做出同样的事情，仿佛天经地义一般。螳螂的惊人之举还不止如此，雌性的螳螂会吃掉自己的丈夫，它先咬住丈夫的头颈，一口口地吃下去，直至剩下两片薄薄的羽翼为止，让人看了之后目瞪口呆。

螳螂的狠毒甚至是狼的十倍还要多，即便是狼，也没听说过它们吃自己的同类。螳螂这种动物，真是太可怕了！

我们已经知道螳螂是一种凶猛而又可怕的动物，它身上有非常多的武器，杀伤性极大；它的捕食方法是那么凶恶，甚至自己的丈夫都要拿来吃掉。但是，螳螂和其他动物是一样的，除了有缺点和不足之外，也有自己的优点。比如说，它在建造巢穴方面非常有造诣，可以将自己的巢穴建造得十分精美。

螳螂的窠巢很常见，只要阳光能照耀到的地方，都可能发现，例如石头堆里、草丛里、砖头底下、木块下、树枝上、一条破布下，也有可能是旧皮鞋上面，等等。总而言之，不管是什么东西，只要那个东西的表面凸凹不平，就可以被螳螂用来作为窠巢的地基，这样的地基非常坚固。

螳螂的巢长有一两寸，宽不足一寸，表面的颜色是像小麦一样的金黄色。这种巢的原材料是一种泡沫很多的物质，但是，用不了多久，这种多沫的物质就会慢慢变硬，逐渐变成固体。如果你把这种物质放到火上去烧，会散发出一种刺鼻的怪味，就像丝织品燃烧一样。螳螂巢的形状不是千篇一律，而是各不相同的，因为巢的形状是随着地形不同而定的，建巢地点不同，巢的形状也随之而变。不过，无论巢的形状怎么变，有一点是不变的，那就是它的表面总是凸起的。

螳螂的巢可以分成三个部分。其中有一部分的原材料是一种小片，这种小片排列成两行，前后相互覆盖着，同屋顶上的瓦片一样。小片的边沿有两行缺口，一左一右，被当作门路。等到小螳螂孵化出来的时候，会从这个地方跑出来。除了这个地方以外，其他部分的墙壁都是不能穿过的。

在巢穴里面，螳螂的卵被它堆成好几层，不管是哪一层，卵的头都是向着门口的。上面我们已经介绍过那道门，它有两行，并分成左、右两边。等到幼虫从卵中孵化出来，会有一半从左边的门出来，另一半则从右边的门出来。

还有一个问题值得关注，母螳螂在建造这个十分精致的巢穴的同时，也在产卵，还会有一种非常有黏性的物质从母螳螂的身体里排出。这种物质让人不由得想起毛虫排泄出来的丝液，两者有许多相似之处。这种物质从螳螂体内排泄出来以后，接触到空气，和空气混在一起，便变成了泡沫。母螳螂用身体末端的小杓（sháo），像我们用叉子在碗里打鸡蛋一样，打起泡沫来。这些泡沫呈灰白色，看上去像是肥皂沫。开始的时候，泡沫是有黏性的，用不了几分钟，它就变成了固体。

　　母螳螂就把卵产在这些泡沫的海洋中，以繁衍后代。每当它产下一层卵，就往卵上覆盖上一层这样的泡沫。不一会儿，这层泡沫就凝固了。

　　当新巢建好以后，螳螂会用一层材料将这个巢穴封起来。这层材料看上去和其他的材料不一样，上面有很多孔；颜色呈粉白色，而巢内其他部分都是灰白色。这层外壳很容易破碎，也很容易脱落，就像是面包师把蛋白、糖和面粉搅和在一起做成的饼干外衣一样。如果这层外壳脱落下来的话，螳螂巢的门口就会完全裸露。不久之后，门中间的两行板片也会被风雨侵蚀，剥成小片，并逐渐地脱落。这也就是我们在旧巢上看不见它的原因。

　　从外表上看，巢内和巢外的这两种材料一点儿都不一样，但是实际上，它们的构成完全相同，只不过是同样一种东西的两种不同的形式罢了。螳螂用身上的杓清理着泡沫的表面，把表面上的浮皮撇掉，使剩下的部分形成一条带子，然后覆盖到巢穴的背面上去。这条带子看上去就像冰霜制成的。其实，这条带子仅仅是用那些黏性物质里面最薄、最轻的一部分制成的。它的泡沫比较细，再加上光的反射力比较强，这就是它看上去会比较白的主要原因。

　　这个操作方式非常奇异，螳螂还真有自己的一套。它能迅速、自然地做成一种角质的物质，然后，把第一批卵生产在这种物质上面。

　　螳螂这种动物既能干，又有建筑才能。让我们先看看螳螂产卵的同时还干些什么吧，它产卵的同时还要排泄泡沫，并制造出一种包被物，同时做出一种遮盖用的薄片，以及留出通行用的小道。最令人不可思议的是，在这一切工作进行过程中，螳螂一动也不动，只是在巢的根脚处稳稳地站着。

用不着移动身体，甚至连看都不用看一眼，它就在背后建起这座精致的建筑。在整个过程中，它的大腿没有发挥什么作用，尽管它的大腿是那样的粗壮、有力，这里也没有这个大机器的用武之地，是它身上的小机器完成了所有繁杂工作。

在这项工作完成以后，螳螂母亲就扔下这一切，独自跑走了。我盼望着有朝一日，它能够回来看一下，回来关爱一下这个曾经的家。我一直怀着这种希望，但是，这个希望从来没有实现过。很显然，螳螂母亲对自己的巢和卵没有一点儿兴趣。它是真的走了，永不回头地走了。

这个事实让我得出一个结论：螳螂这种动物没心没肝，它的所作所为完全是一些残忍、恶毒的事情，并且恶毒到了极点。它除了把自己的丈夫当作美餐以外，还抛弃自己的子女，扔下它们不管。

螳螂卵通常都是在有太阳光的地方进行孵化，而且时间也很有规律，大约是在六月中旬，上午十点钟的时候。

我已经在前面介绍过，在螳螂的巢中，只有一小部分可以当作路，供螳螂幼虫出入。这一部分指的就是窠巢里面那一带有鳞片的地方。仔细地观察一下你就会发现，在每一个鳞片下面，都有一个稍微透明的小块儿，有两个大大的黑点藏在这个小块儿的后面。这两个黑点不是别的，是那个可爱螳螂幼虫的两只眼睛。在那个薄薄的片下面，螳螂幼虫静静地伏卧着。现在的它已经有将近一半的身体解放出来了，不过这得需要你仔细看才能发现。接下来，让我们看看这个小东西的身体是什么样的吧。它身体的颜色是黄色中带有红色，脑袋很大。从幼虫外面的皮肤来看，我们很容易地就能分辨出那对黑色的大眼睛。幼虫的小嘴紧紧地贴在胸部，腿紧紧地贴在腹部。如果不考虑它那些和腹部紧贴着的腿，单看其他部位，会让人不由得联想到蝉最初离开巢穴时的状态。那种状态和此时的螳螂幼虫像极了。

为了图方便，也是安全起见，在降临到这个世界的起初，幼小的螳螂会穿上一层结实的外套，这一点同蝉一样。如果幼虫打算在巢中将自己的小腿完全地伸展开来，那是不可能的。因为巢中的小道非常狭窄和弯曲，根本没有足够的空间让它完全伸展身体，更不用说高高翘起那尚缺乏杀伤力的长矛，竖立起那灵敏的触须了。如若不然，它会把自己的道路完全封死，以至于无法前行，也就不可能从通道中爬行出去了。因此，在这个小动物刚刚降临到这个世界上的时候，它只能被团团包裹在一个襁（qiǎng）褓（bǎo）[1]之中，外形看上去像是一只小船。

自从小幼虫降生并出现在巢中的薄片下面以后，它的头便一直膨胀，用不了多久就会像一粒水泡那样。这个小生命很有力气，出生后不久它就开始靠自己的力量生存。它不停地扭动着身体，努力地把自己的躯体解放出来。每当它做一次动作，它的脑袋就会稍稍变大一些。这样一来，它胸部的外皮就被撑破了。接下来，它打算乘胜追击，便更加剧烈地摆动着，频率变得更快。它使出浑身解数，拼命地挣扎，一刻也不停地弯曲扭动着自己的躯干。看来，它是下定决心要摆脱这层束缚了。它急着想看一看外面那个缤纷多彩的世界。在它的努力之下，腿和触须首先得到了解放，并最终实现了自己的目标。

这些小螳螂有几百只之多，它们在本身就不太宽敞的巢穴之中团团地拥挤在一起，这种场景看上去非常壮观。螳螂的幼虫首先暴露出的是它的那双小眼睛，它们终于冲破外衣的束缚，冲出了襁褓的紧裹。在变成螳螂之前，我们基本上见不到这些幼虫单独行动。相反，就像存在着

---

[1] 襁褓：包裹婴儿的被子和带子。

一个指挥它们统一行动的信号一样。这个信号被非常快地传递出来，几乎在同一时间，所有的卵都孵化出来，一起冲破外衣的束缚，把身体从硬壳中抽出。可以想象，在那一刹那之间，如同开万人大会一样，无数个幼虫一下子集合到了螳螂巢穴的中部，这个不太大的地方被挤得满满的。它们显得很狂热，看上去很兴奋、很急切，可能是因为马上就要见到阳光了吧！之后，它们有的不小心跌落，有的使劲地爬行到巢穴附近的枝叶上面。几天之后，当你再去观察巢穴，又会发现一群幼虫。它们同前辈们做着相同的工作，直到最后走出巢穴。就这样，繁衍不停地继续下去。

不过，能够来到这个世界上并非就是幸运的。它们来到的这个世界充满了危险和恐怖，但也许它们自己还没有意识到这一点。我曾经很多次见到螳螂卵的孵化过程，有时候是在门外边的围墙内，有时候是在树林中的那些幽静的地方。当看到一个个小幼虫破壳而出的时候，我多想好好地保护这些可爱的小生命，让它们能够平安、快乐地生活在这个世界上。但是，很不幸，我的想法太天真了。那种螳螂幼虫被杀戮的事情时常发生，光是我有印象的就有大约二十次。这些小幼虫还不知道什么叫危险，在它们乳臭未干，还没来得及体验一下生活的时候，便惨遭杀戮。年幼生命结束的时候，甚至还没有体会过生活，真是可怜啊！虽然螳螂产下的卵数量众多，但是从另一个角度说，这些卵的数目又是那样的少，因为这些卵有一群强大的敌人，强大到无法抵抗。这些敌人早已在巢穴门口埋伏多时，一旦幼虫出现，便会毫不犹豫地加以杀戮。

对于螳螂幼虫而言，蚂蚁应该算是最具杀伤力的天敌。蚂蚁会不厌其烦地在螳螂巢边闲转，这种事情不用刻意去发现，几乎每一天都能见到。这些蚂蚁非常有耐心和信心，一旦时机成熟，它们便立即采取行动。如果让我碰上，我每次都会千方百计地帮着螳螂赶走蚂蚁。但是，毫无作用，我拿这些蚂蚁无可奈何。因为这些蚂蚁的时间观念很强，总是先人一步占据有利的位置。不过尽管它们早早就等候在大门口，它们也没法深入巢穴的内部去。这是因为蚂蚁对螳螂巢穴四周的厚壁束手无策，这层硬硬的厚壁十分坚固，以蚂蚁的智慧，不可能想出冲破这一层壁垒的办法。于是，它们只得埋伏在巢穴的门口，静候着它们的猎物。

这样看来，螳螂幼虫处于非常危险的境地。蚂蚁守候在巢边，不肯轻易放过一顿美食。只要螳螂幼虫走出自家大门，马上就会受到蚂蚁的攻击，葬送生命。蚂蚁会扯掉幼虫身上的外衣，毫不手软地将其切成碎片。你可以在这场战斗中看到，那些幼虫和那些前来俘虏食品的强盗们展开激烈的搏斗。双方的实力悬殊，螳螂幼虫只能乱摆身体来进行自我保护，而蚂蚁们凶猛、残忍。尽管非常弱小，这些幼虫还是在坚持挣扎，不放弃任何一丝求生的希望。但是，对那些凶恶、残忍的强盗来说，这种挣扎收效甚微。用不了多久，这场充满血腥的大屠杀便宣告结束。经过这场残杀，有幸逃脱的寥寥无几，其他的都被蚂蚁吃掉了。就这样，一个家族就被蚂蚁毁了。

有件事情非常奇妙，我在前面提过，螳螂这种动物十分凶残，它的凶残体现在不仅用锋利的武器去袭击其他的动物，而且会吃掉自己的同类，并且在咀嚼自己的同胞骨肉时，没有一丝的不安。现在，这种可以被称为昆虫中的魔鬼的螳螂，在它生命的初期，自己也要牺牲在敌人的魔爪之下，而且这个敌人居然是昆虫中个头最小的蚂蚁，这难道不奇妙吗！这让人不得不佩服大自然造物的神奇！这个未来的恶魔，现在只能眼睁睁地看着它自己的家族被毁掉，自己的兄弟姐妹被吃掉，目送亲人离开这个充满危险的世界，却对此无可奈何。

不过，这样的情形不会持续太久。因为，只有那些刚刚从卵中孵化出来的幼虫才会遭此毒手。一旦幼虫躲过这个劫难，用不了多长时间，便会变得非常强壮。这样一来，它就具备了自我保护的能力，不再是任人宰割的可怜虫了。

等它再长大一些，就会是另一番景象。到时候它会从蚂蚁群里迅速穿过，那些原先肆意行凶的凶手，现在都纷纷跌倒。当年的弱者已经长大，没人敢再去欺负它。螳螂在行进的时候，摆出一副骄傲的姿态和不可一世的神情，它的双臂放在胸前，随时准备进攻和防御。这群小小的蚂蚁早已经被吓倒，再也不敢轻举妄动，还有一些甚至老远就望风而逃了。

但是，螳螂的敌人有很多，并不是每一个敌人都会像蚂蚁一样被吓倒。比如说，有一种蜥蜴就很难对付，它体形不大，身体呈灰色，居住在墙壁上面。这种小蜥蜴对还没有长大的螳螂全然不在意，它用舌头去进攻螳螂，并将小螳螂一个一个地舔（shì）[1] 起，很多幸运躲过蚂蚁虎口的小螳螂都被它吃掉了。对于小蜥蜴的大嘴来说，吞掉一个小螳螂绰绰有余。从它的表情可以很清楚地看出来，它对于螳螂的味道非常满意。蜥蜴每吃掉一个螳螂之后眼皮总要微微一闭，表现出一种很满足、很舒服的样子。但是，对于那些尚幼的螳螂来说真是不幸啊，可谓是"才出龙潭，又入虎穴"。

螳螂幼虫不仅仅是在孵化后要面对危险，甚至在卵还没有孵化出来以前，就有一种危险笼罩着它们。这个危险是指一种小个儿野蜂，这种野蜂生有尖锐的刺针，足以刺透螳螂那由泡沫硬化以后而形成的巢穴。没有受到任何邀请，这位不速之客就擅自把卵产在螳螂的巢穴中。这些卵会比这巢穴主人的卵提前一步孵化出来。到时候，螳螂的卵受到骚扰就很正常了，侵略者会毫不客气地将其吞食掉。假如说螳螂产下一千枚卵，那么，到最后能躲过劫难、免遭厄运的，大概也就只有一半罢了。

于是，一条生物链便形成了。螳螂吃掉蝗虫，蚂蚁吃掉螳螂，而蚂

---

[1] 舔：舐。

蚁又被鸡吃掉。但是，等到了秋天的时候，鸡长大了，我又会把鸡做成美餐吃掉，这可真是有趣！

如果人类食用了螳螂、蝗虫、蚂蚁，或者一些个头更小的动物，应该可以增加人类的脑力。它们能给我们的大脑提供某种有益的物质，用的是一种非常奇妙，但是又见不到的方法。这些物质进入人体之后，便化为我们人类思想之灯的油料。这些能量一点一点地传送到我们身体的各个部位，流进我们的血脉里。我们的生存就是建立在它们的死亡之上。这个世界本来就是一个轮回，无穷无尽地循环着。一些物质完结以后，在它的基础上，会生出其他物质；从某种意义上讲，各种物质的死，就是各种物质的生。这是一个很深刻的哲学道理。

很久以前，螳螂的巢被人们习惯性地看作是一种充满迷信的东西。在我们这里，螳螂的巢，被人们视为一种灵丹妙药，用来医治冻疮。人们如果发现了一个螳螂的巢，就会把它劈成两半，把挤出的浆汁涂抹在疼痛的部位。在农村人眼里，螳螂巢仿佛有神奇的魔力。然而，它是否真的对冻疮起效，这个我从没有感受过。

除此之外，人们传说螳螂巢还对一种病非常有效，那就是牙痛。假如你有一个螳螂巢的话，你就不用再害怕牙痛了。通常情况下，妇女们会在夜里到野外去寻找它，然后小心翼翼地收藏在橱子角落里，或者缝在一个口袋里，以防不备之需。如果邻居有人牙痛，就会跑来借用。妇女们管它叫作"铁格奴（Tigno）"。

有时你会见一个脸肿了的病人对另一个人说："我现在痛得厉害呢！请你借给我一些铁格奴用好吗？"另外一个人便会赶快放下手里的针线活儿，跑到家里，从墙角里翻出这个宝贝东西来。

主人会很慎重地对朋友说："随便你怎么用，但是千万不要摘掉它。我只有这么一个了，而且，现在又是没有月亮的时候，不好到野外去找！"

19 世纪的英国有一位医生兼科学家。他曾经说过一件让我们觉得荒唐可笑的事情。那就是，如果一个小孩子在树林里迷了路，找不到方向了，那么他可以去询问螳螂，螳螂会给他指出道路。他还说道："螳螂会伸出它的一足，给他指引正确的道路，基本没有出错的情况。"

第十一章　潘帕斯草原食粪虫

在我小的时候，我疯狂地迷恋上了鲁滨孙[1]，整日幻想着周游世界。我渴望到处走走，无论是陆地还是海洋，只要是我没去过的地方我都感兴趣。不同的地域、不同的环境、不同的气候，生活着不同的动物和植物，这些都让我神往。幻想毕竟是幻想，当我睁开眼睛的时候，还是要面对现实，那就是生活枯燥乏味，整年都难得有机会外出。我生活的环境中四周都是石墙，没有印度的热带雨林，没有巴西的亚马孙原始森林，更没有在安第斯山脉上空飞翔的大兀鹰。

怨天尤人是没有用的。不过，要想解放思想，了解世界，并不一定非得去环游世界。卢梭[2]的植物标本采集于一棵普普通通的树上，不过是自己的金丝雀经常在上面停留罢了；他的朋友在一颗草莓中发现了一个世界，并将其记录了下来，他就是著名的作家圣皮埃尔[3]；还有作家梅斯特尔[4]，他在书中把沙发想象成马车，在自己的居室内环游了一圈，

---

[1] 鲁滨孙：英国作家丹尼尔·笛福创作的长篇小说《鲁滨孙漂流记》中的主人公。

[2] 卢梭：18世纪法国启蒙思想家、哲学家。

[3] 圣皮埃尔：18世纪法国作家。

[4] 梅斯特尔：18—19世纪法国作家。

做了一次长途旅行。

这种从微观中看世界的方法很简单，我也会，不过，用不着马车，因为它不适合穿行在布满荆棘的路上。我要旅行的地方是荆棘篱笆环绕着的院子，我将它看作是一块辽阔的土地。行程十分漫长，以至于我不断地停下来问路。给我指路的是住在这块土地上的昆虫居民，它们十分耐心、十分友好。随着旅程的积累，我得到的知识也越来越多。

我将这个院子称为昆虫小镇，我对这片土地和上面的居民都了如指掌，无论是螳螂如何休息，宁静的夏夜里，意大利蟋蟀将在哪片草丛中歌唱，黄斑蜂将如何蹂（róu）躏（lìn）[1]那片野草，还是切叶蜂如何用自己的嘴巴在叶面上切下一片圆形的叶片。

在院子里旅行就像是近海航行，已经不能给我带来满足感了。我需要跨越篱笆，来一次出海远航。结果收获非常丰富，在篱笆外几百米的范围内我就发现了大量的昆虫，有蜣螂、螽斯、蚱蜢、圣甲虫、天牛等。越来越多的昆虫被我发现，其中很多是我第一次见到。现在的我更像是人类的大使，在与昆虫王国的众部落建立关系。如果想彻底搞明白这些昆虫的起源，恐怕需要付出一生的时间。我掌握了关于它们的许多资料，而这并不需要我去环游世界，只需要在我的院子里就能得到。

周游世界是无法保证对某个事物仔细观察的，因为你需要注意的对象太多，这会让你分心。昆虫学家如果有机会外出旅行的话，可以采集到许多标本，这对了解昆虫的种类很有帮助。但是，这并不是所谓的观察和研究。这些旅行中的昆虫学家是不可能在一个地方停留太久的，因为他们没有足够的时间和精力。这也就导致他们无法完成对一种昆虫的观察，他们也并不为此感到遗憾，他们可能认为不停地奔波才会有所成就。好吧，就让他们满世界去转吧，把那些需要静下心来，长时间潜心

---

[1] 蹂躏：用暴力欺压、践踏。

观察研究的事情交给我这种人来做吧。

这也说明了一个问题，那就是为什么除了这群昆虫学家的著作以外，很难再找到其他风格的昆虫史。他们的昆虫史只是记录了某种昆虫的外貌特征，对它们的习性、本能等一无所知。这也难怪，世界上有那么多不同的虫子，它们生活的秘密确实不容易搞懂。但即使我们搞不明白，我们至少可以将本地的某种昆虫，同不同气候环境下其他地方的这种昆虫进行比较，研究一下同一种昆虫在不同环境下的变异。

那么多愚蠢的人在到处旅行，浪费着大量的机会。想起这些，我就感到遗憾，这也令我更加渴望旅行。我甚至开始幻想，我想象自己得到了《一千零一夜》[1]中的那张魔毯，它可以带我去任何我想去的地方。如果美梦成真的话，那真是棒极了！哪怕是只给我一张往返票，只给我留出一个最靠边的位置也行！

世界上的事情是不可预料的，我的旅行美梦居然成真了。朱杜里安是我的一位好朋友，我们是在基督学校认识的教友，现在他在布宜诺斯艾利斯的教会分校工作。这次旅行便是多亏了他。这个人非常善良、谦虚，如果他帮助了你，千万别跟他道谢，要不然他肯定会发火。起初我总是让他帮忙，我在法国发出指令，他在阿根廷寻找目标，然后把观察到的事情告诉我。就这样，我们通过信件联系，他就像我的眼睛的延伸。

在这位朋友的帮助下，我终于拿到了"魔毯"的票，踏上了旅程，来到了南美的潘帕斯草原。我此行的目的是对比研究法国的一种食粪虫同阿根廷的一种食粪虫，看一下它们之间谁的技艺更高超。

非常幸运，在工作刚刚展开的时候，就让我碰到了米隆食粪虫。它浑身上下都是黑色的。雄性和雌性之间的差距很大，雄性的头顶呈短角

---

[1]《一千零一夜》：阿拉伯民间故事集。

状，扁平、宽阔、齿状边沿，而且前胸突出，像是一把匕首。而雌性，只是在头顶上有几道褶皱而已。不过，无论是雄性还是雌性，都在头顶上长了一对小尖角，这件工具既帮助它们挖掘，也帮助它们切割。它们的身体呈四方体形，非常端庄，让我不禁想起了生活在法国蒙彼利埃附近的一种橄榄树虫。

按照一般人的想法，形体相似的动物应该拥有差不多的技能。这么说的话，橄榄树虫能制作短粗的血肠状产品，那么米隆食粪虫也应该能制作出差不多的产品。结果是这样吗？事实与此恰恰相反。看来，遇到涉及动物天生本能的问题，光看外表是不行的。米隆食粪虫的特长是制作葫芦状的粪球。这种技能圣甲虫也会，不过，米隆食粪虫更擅长。它的作品不仅个头更大，而且形状更规则。

人不可貌相，昆虫也是如此。别看米隆食粪虫体形笨重，它创作的作品可是十分精致典雅，让人对它刮目相看。最令人叫绝的是它作品中蕴含的几何原理，简直无懈可击。葫芦形状透露着美感，同时体现着稳重、力量。印第安人有一种容器是制作成葫芦状的，不过和米隆食粪虫的作品比起来，还是有很大差距，后者的要精美得多。有人觉得米隆食粪虫制作的葫芦像是一个水壶，而且还是细篾[1]编制的水壶，为什么呢？因为葫芦的颈口是半开的，并且葫芦体上刻满了精美的纹饰，给人感觉像是交织在一起的细篾。其实，这不过是制作过程中足爪留下的印迹而已。

米隆食粪虫那笨拙的外形，更衬托出这件工艺品的别致与精美。这验证了一个道理，事情的成败，决定性因素不是工具，而是执行者本身。无论是食粪虫，还是人类，这个道理都适用。对于虫子们来说，成为优秀工匠的决定性因素是自身的本能，我们把这种本能称为天分。

---

[1] 篾：竹子劈成的薄片，也指从芦苇或高粱秆上劈下的皮。

在米隆食粪虫的眼中，没有不能克服的困难。就连人类它们也瞧不起，就拿人类给它们起的名字来说，它们觉得其中透露着愚蠢。食粪虫，顾名思义，靠食粪为生，整日与粪便打交道。可是现实不是这样，它们是靠动物死尸的血脓生活。我们往往会在动物尸体下面发现它们，而不是粪堆里。它们与其他靠动物尸体为生的昆虫共处，比如葬尸虫之类的。前面介绍的那只精美的小葫芦，就是我在一只死去的猫头鹰身下发现的。

有些人认为米隆食粪虫是跨界天才，它身上既体现了食尸虫的饮食趋向，又有圣甲虫滚粪球的技能。我对这种说法不敢苟同。要知道，大自然中的昆虫种类繁多，习性、嗜好更是千奇百怪，这些不能仅凭着外观去臆想、推测。

在我家附近也有一种食粪虫，确切来说是属于食粪虫类的，它是我们当地唯一的此类昆虫。巧的是，它也热衷于"开发"动物尸体。它的身体呈椭圆形，经常关注着哪里又死了一只鸡，哪里又死了一只兔子。不过，它不仅仅热爱腐肉，对粪便也非常喜欢——与其他食粪虫一样，它也经常会在粪球上大摆筵席。我觉得它们可能有两份食谱：成年的食粪虫吃粪球，幼虫则享用腐肉的血脓。

像这种同类昆虫饮食不同的现象，在昆虫界还是很常见的。比如说：膜翅昆虫，它们自己靠采集花蜜为生，却捕食其他昆虫，回去喂自己的幼虫。同样一种昆虫，胃也应该是一样的，那为什么有的需要吃肉，有的则需要喝蜜呢？看来，它们在生长发育的过程中，消化系统肯定会发生转变。这一点和人类有些相似，人老了，就对大嚼大咽失去了兴趣。

接下来，我们仔细地观察一下米隆食粪虫制作的工艺品。那些小葫芦在被我发现的时候都已经干透了，外表是淡淡的咖啡色，硬度不比石头差。经过仔细观察以后，我没有在放大镜中发现任何木质，无论是外表还是里面，一点儿都没有。如果发现了木质，就说明这个葫芦的原材料是粪便，或者是把粪球深加工以后得到的，但是，它明显不是。那又会是什么呢？这种材料的辨认令我感到非常棘手。

我把小葫芦拿起，轻轻地摇了一下，发现里面有动静。我又拿到耳边摇了一下，听到里面传出微微的撞击声，就像是干果里面的核松动了一样。里面藏的会是什么呢？是死去的虫子吗？可能是死去的虫子萎缩、干硬了，我对自己的想法很有信心，结果却出人意料，我感觉自己仿佛被戏耍了。那么，里面到底是什么呢？

我将小葫芦用刀子划开，没想到葫芦表层下面的内壁非常厚，并且质地均匀。我手边的三只小葫芦中，内壁最厚的达两厘米。内壁里面便是葫芦中空的部分了，我在里面发现了一个球状物，大小刚好填满葫芦腔，并且和四周的内壁没有任何粘连。我明白了，刚才听到的撞击声，就是这个球状物与内壁碰撞发出的。

这个球状物的表层看上去跟它的外壳一样，应该是同一种质地。我将这个球形内核用硬物砸开，清除掉表皮碎片后，发现了一些湿泥团，里面掺杂着金黄色的小碎块、绒絮团、动物毛皮还有细肉渣。

我借助放大镜，将湿泥团中的杂物、碎屑都挑选出去，然后用煤火去烧烤这团湿泥。起先这团湿泥被熏得乌黑，随后开始发鼓，接着冒出了刺鼻的烟气，同焚烧动物发出的是一样的气味。可以断定，这团湿泥浸满了动物的血脓。

我决定用同样的办法去检验一下葫芦形外壳。起初外壳也变黑了，不过没有内核黑得那么厉害；随后释放出了少量的烟气，并没有刺鼻的气味；最后，燃烧后的葫芦形外壳变成了一堆红色的黏土，没有一点儿动物尸体的残渣。

通过这个小实验，我们了解到了米隆食粪虫制作食物的方法。它们为自己的幼儿准备的第一顿大餐是肉饼。首先，它们从尸体身上割下肉，并剁成碎末，用的是头顶上的两把解剖刀和前臂上的锯齿刀。切割的时候，不可避免地会带着一些动物的皮毛、骨渣等等。就这样，它们把剁好的肉馅做成肉饼，然后储藏在内核中。

糕点师傅会精心地装扮蛋糕，各种花饰、条纹装饰都会被熟练应用到自己的作品上。米隆食粪虫对这些烹饪的后续工作一点儿都不陌生。它别具匠心地制作了一个葫芦形的外壳，用来盛放自己的作品，外壳上面还刻满了装饰花纹。

这个外壳在制作过程中没有用到半点肉汁和血脓，几乎没有任何营养，我觉得它的作用并不是用来充饥的。幼虫快要变成成虫的那段时间，胃口非常大，见什么都吃，球形内核的壳，还有内壁上刮下的粉屑，它都吃。但是，直到幼虫变成成虫，从壳中走出的那一天为止，葫芦形外壳都是完好无损的。由此可见，葫芦外壳的作用是：在初期，为里面的肉馅保鲜；后期，为里面的幼虫充当保护伞。

葫芦都是分上、下两个隔室的，球形内核位于葫芦下面的大隔室。两个隔室之间有一层隔板，是用黏土制成的。米隆食粪虫的卵位于上面的小隔室，并在里面孵化。我是偶然发现上面的小隔室内有卵的，但那些卵已经死去，并且风干了。幼虫孵化出来以后，要钻透两个隔室中间的隔板，才能钻到下面的大隔室内去进食。若是没有钻过去，则会被饿死。

幼虫刚刚出生就面临着巨大的考验，它们要找准时机，靠自己的努力钻透隔板。大部分幼虫还是能如愿到达底层的大隔室的，它们可以尽情享受那些美餐，这是它们的母亲为它们准备的，也是它们通过自身的努力得来的。我们会在中间的隔板上发现一个小洞，那就是幼虫当时的通道。

葫芦形的外壳加上坚实的内壁，使得里面的两个隔室密封性良好，这就保证了在幼虫孵化出来以前，肉馅饼不会变质。这样的环境，也保证了在小隔室内的卵的安全。至于具体的孵化过程，我还从来没有见到过。看来米隆食粪虫深谙（ān）[1]建筑的构建体系，并且知道食物接触空气会变质，这些问题都被它逐一解决了。那么，幼虫的呼吸问题它是如何解决的呢？

它解决幼虫的呼吸问题采用的方案，同样让人叫绝。它在葫芦的中轴线的位置建造了一条呼吸通道，这条呼吸通道非常细，得用最细的麦秆才能插进去。这条通道将小隔室与外界联系起来，外开口就在葫芦突起的末端，从外面看，像是还没有完全开放的喇叭花。可能有人会担心，若是有敌人顺着这条通道进入小隔室怎么办？那样幼虫岂不是危险了。米隆食粪虫早已想到了这个问题，它不但把这条通道修建得非常细，还在其中设置了许多尘土颗粒，这些颗粒不会影响幼虫呼吸，但是可以防止敌人入侵。我对米隆食粪虫的智慧赞赏不已，这真是绝妙！这些建筑中的设置看似天真，看似随意，但是透露着主人的深思熟虑。

很难相信，这么复杂、精妙的建筑竟出自一种呆头呆脑的虫子。它是如何做到的呢？我之前对潘帕斯草原上的昆虫都是通过别人的眼睛了解的，我并没有亲眼看到过，现在我只能通过手中的成品，来推测一下它的制作方法。我亲眼见过很多种昆虫筑巢和为子女制作食物，因此我觉得自己的推测出入不会太大。下面便是我的推测。

米隆食粪虫发现了一具动物尸体，尸体上淌着的血脓已经将身下的土壤浸湿，变成粘在一起的黏土。它上前收集这些湿土，有时候会收集很多，有时候则很少，这主要看当时被浸湿的土壤有多少。这些湿土就是它的建筑材料，材料越充足，筑建起来的葫芦外壳就越大、越结实。有时候，甚至会出现内壁厚达两厘米，外壳比鸡蛋还要大的小葫芦。但是，体积太大并不一定是好事，施工者自身的能力是有限的，产品越大，质量就会越粗糙。如果收集到的湿土比较少，建筑材料出现了紧缺也没

---

[1] 深谙：非常透彻地了解。

关系，它会把收集到的湿土用在最需要、最关键的地方。这时，它会拿出足够的时间和精力，将这个小个儿的葫芦精雕细琢，打造得像一件艺术品。

米隆食粪虫需要做的第一步，可能是把湿土揉成一个球；接下来，它会用头上的铲子和前爪将这个圆球揉压成酒杯状。这是我根据蜣螂和金龟子的一贯做法推断的。它们都是先把圆球压成碗状，或者酒杯状，并将卵产在其中，将开口合起来，最终加工成椭圆形或者梨形。

此时的米隆食粪虫不过是一个制陶工而已，它收集各种黏土，并不仅限于尸体底下的，那些浸着肉汁、血脓的土壤原本就没有多少营养。

接下来，它将变成一个大厨。它手臂上的锯齿刀上下飞舞，从尸体身上割下一些小的肉块，有时候还带着皮毛与骨渣；然后，它将其中营养高的部分挑选出来，剁成肉馅。它从尸体底下取来浸满血脓的湿泥，掺入剁好的肉馅，揉成一个球。这个美味的食物球是那样的诱人，全部的制作材料都是就地取材，绝对新鲜。在这方面，它比其他粪虫类昆虫要高明得多。这些球的个头几乎一样大，因为它们是按照未来幼虫的需求多少来制作的，每只食粪虫产卵数量大致相当。葫芦形外壳是后来制作的，它的大小与球的大小无关。

米隆食粪虫将制作好的食物球放入酒杯状的黏土中。这个过程中，食物球不会受到挤压，因此它不会粘到酒杯内壁上，日后没有牵制，可以灵活转动。接下来，米隆食粪虫的身份再次变回制陶工。

米隆食粪虫努力地把黏土酒杯的杯沿向中间推压，让开口逐渐合拢，并最终把肉馅圆球包裹在里面。这样，肉馅球上面的那层黏土也肯定会比别的地方要薄。幼虫日后就是从这层薄壁中穿过来，抵达食物储藏室的。在薄壁上面，食粪虫将用黏土制造一个半圆形的球状物，内部是空心的，并将卵产在其中，这就是那个小隔室。

整个制作肉馅球和制造葫芦形外壳的工作过程都需要十分灵巧的手

法，掌握好分寸十分关键。尤其是最后一步，压出葫芦末端突起的时候，要一边挤压黏土，一边留心那条极细的呼吸通道。如果出现计算失误，哪怕是在挤压的时候多使了一点儿力气，也会将这条呼吸通道堵死。

无疑，建筑呼吸通道是这项工作中最艰难的一个步骤。即使是最熟练的制陶工，要想完成这样一项工作，恐怕也得借助一根针，到最后，等全部工作结束，再将这根针抽出。米隆食粪虫在工作过程中并没有借助任何工具，它本身就是一台精准的全自动仪器，这条呼吸通道被它一次性修好了。

主体都修建好了，剩下的工作是装饰外表。这个工作需要极大的耐心。装修后的葫芦身上多了许多指纹形图案，既古朴，又美观。在当年发现的远古人类使用过的大肚瓮上面，也有这种指纹形图案，真是巧合。

至此，全部过程都结束了。米隆食粪虫将离开这具尸体，并寻找下一处尸体，继续在它下面制作小葫芦。米隆食粪虫在一个巢中，只安放一个小葫芦，这一点，同其他食粪类虫一样。

第十二章　蟋　蟀

蟋蟀的名气和蝉一样大，它的住所和它的歌喉是它拥有如此高的名气的原因。这两项缺一不可，毕竟，只拥有一项绝技的昆虫实在是太多了。拉封丹在寓言中提到了很多动物，但是关于蟋蟀的只有寥寥几句，看来，蟋蟀的天分和才气还没有被他注意到。

不过，有位法国的作家倒是写过一篇关于蟋蟀的寓言。可惜的是，这篇寓言没有写出蟋蟀的真实面貌。他在这个故事中写道：蟋蟀对自己的命运并不满意，因此，它总是在叹息。这种认识完全是错误的，这一点可以用事实来证明。我相信，只要是对蟋蟀的生活有所观察和研究，哪怕只是表面的观察，你都会感觉到蟋蟀的天性，它对于自己舒适的住所，对于自己天才的歌喉都是那么满意，它生活得很愉快。

就是在这个故事的结尾，作者也不得不承认蟋蟀对自己的生活很满意。结尾是这样的："我那舒适的家，是个快乐窝，隐居在其中，能得到快乐的生活。"

我的一位朋友曾经给蟋蟀作了一首诗，我感觉这首诗很真实，真实地描写出了蟋蟀对于生活的那种热爱。

让我们来看一下这首诗：

有这样一个关于动物的故事，

一只蟋蟀走出屋子，

站立在门边，

悠闲地享受着阳光，

旁边的蝴蝶是那样的趾高气扬。

飞舞的蝴蝶，

连尾巴都那么傲慢，

蓝色的半月形花纹，

排成长长的一列，

还有星点与长带，

飞行者骄傲地来回盘旋。

蟋蟀这位隐士道："飞走吧，

整天徘徊在花海里，

无论是菊花，

还是玫瑰，

都比不上我那低凹的家。"

说话间，

一阵风暴袭来，

飞行者被雨水打翻，

它的衣服变得肮脏、褴褛，

它的翅膀被烂泥涂满。

蟋蟀藏匿着，

雨水淋不着，

它冷静地看着这一切，

发出歌声，

它毫不理会风暴的威严，

狂风暴雨都躲着它。

离开这个世界吧！

不要沉浸在它的快乐和繁华，

一个低凹的小家，

是那样安逸，

这会让你不再去忧虑。

　　这首诗非常好，我们从中认识到了一只快乐、可爱的蟋蟀。

　　我经常在蟋蟀的家门口见到它，它不停地卷动着自己的触须，看上去非常悠闲。它这可不是闲得无聊才这么做，卷动触须可以让它的前身感到凉爽，后身感到温暖。我没有发现蟋蟀对天上飞着的那些五彩斑斓的蝴蝶有任何的嫉妒，相反，蟋蟀对它们有一些怜悯。这种怜悯就像是那种生活舒适、有温暖家庭的人，对无家可归的流浪汉流露出的那种感情。不像有些作家写的那样，蟋蟀从不叹息、从不诉苦，它是一个天生的乐天派，对于自己舒适的家，还有身上那把简易的小提琴，它非常满足。有时候，你会感觉到蟋蟀是一位哲学家。它仿佛能看清楚世间虚无缥缈的假象，能避开不理智的追求，淡定自如。

　　我写下这些文字，就是想让大家了解蟋蟀的优点。蟋蟀等待这一天已经很长时间了，自从拉封丹将它们忽略以后，它们就一直期待着有个人来介绍它们，不要让它们感到被人类忽略。

　　我的身份是自然学者，因此我观察事物的侧重点也和大家不太一样。

前面的寓言故事和诗中，最重要的就是蟋蟀的房子，它的巢穴，寓言中的教训也是通过这一点来体现的。

诗人在诗中谈到蟋蟀的居室是那样的温馨、舒适；而在拉封丹的寓言中，也赞美了蟋蟀的家庭。所以说，蟋蟀的住宅是最能勾起人们好奇心的。诗人们往往很少去观察真实的事物，他们有的甚至只写不存在的东西。但是蟋蟀的住宅却吸引了他们的注意，能够做到这一点，非常了不起。

无论是在筑巢还是在家庭方面，蟋蟀都确实很出众。不过，这和它的勤奋、努力是分不开的。所以，安定、温暖的家对它来说也算是一种回报。面对恶劣的气候和环境的时候，很多昆虫只能躲避在简陋的临时住所里，它们的家来得容易，日后丢弃也不觉得可惜。

不过，这些昆虫中也有一些另类，它们会给自己制造出五花八门的家。比如，有的用棉花做成口袋，有的用树叶做成篮子，还有的用水泥做成塔，等等。还有很多昆虫长期潜伏在一个地方，等待时机，捕杀猎物，这个潜伏点便成了它们的家。虎甲虫就是其中的典型代表，它常常挖一个垂直的洞，然后把自己塞入其中，只把青铜色的小脑袋留在洞口。如果其他的昆虫对这个大门感到好奇，或者被它迷惑的时候，危险就降临了。虎甲虫会毫不犹豫地掀起大门，冲出洞穴捕捉猎物。它的动作非常迅速，猎物往往措手不及，不一会儿，猎物就被拖入洞中，不见了踪影。

蚁狮也是这种情况，它在沙子上面打出斜斜的隧道，专门诱捕蚂蚁。如果有蚂蚁误入歧途，来到了这里，就会不由自主地顺着斜坡滚落。蚁狮早就在洞中等候，看到有蚂蚁跌落，就将它用乱石砸死。

无论是虎甲虫还是蚁狮，它们的安身之处只是一些临时性的避难所或者陷阱，不是长久居住的地方。

真正的居所是昆虫辛苦努力建造出来的，一年四季中昆虫对它都非常依赖，不会因为气候、天气等外部环境的改变而随便放弃。无论是万物复苏、生机盎然的春天，还是滴水成冰、寒风刺骨的冬天，它们都不会随便搬到别处去住。这才是真正的家，从长远的角度去考虑，建得既舒适又安全，而不像前面提及的那两位的临时住所，是为了捕食和狩猎而建。

蟋蟀的家就是为了安全和温馨而建，它们往往会把一些有阳光的草坡作为自己的场院，在那里当一个安逸的隐士。当其他的昆虫过着流浪的生活，不得不躲在墙缝、石块、枯叶，或者枯树皮中的时候，肯定会为没有一个固定的住所，没有一个安定、温暖的家而感到烦恼。这个时候，拥有固定住宅的蟋蟀就显示出了它们的优越性，还有它们那长远的眼光。

一个稳定的居所真的就那么难吗？谈不上多么难，但是对于一些动物来说，绝对不是一件简单的事情。对于蟋蟀、兔子，还有人类来说，这已经不是什么难题了。在离我住所不远的地方就有狐狸和獾（huān）猪的家，那只是一些岩石中的洞穴，并不是它们自己修建的，看上去十分混乱。对于这些动物来说，只要有个洞能遮风挡雨就足够了。相比之下，兔子就聪明多了，如果没有合适的洞能让它们居住，它们会选择合适的地点自己打洞。

然而，蟋蟀比它们都要聪明，还不是聪明一点。那些随便找个洞穴或者其他隐蔽场所就安家的行为，在它看来是非常不理智的，它对这种做法非常轻视。它自己会非常谨慎地选择建巢的地点。那些阳光充足、排水方便的地方往往能得到它的青睐，会优先考虑。蟋蟀将会亲手筑起自己的别墅，无论是客厅还是卧室，都不例外。蟋蟀宁可亲自动手，也不会去住那种天然的洞穴。那些洞穴没有安全保障，非常草率，其他条件也不好。蟋蟀是那种非常挑剔的完美主义者。

蟋蟀的建筑艺术十分高超，除了人类以外，我实在想不出还有谁能够与它媲（pì）美[1]。即使是人类，在原始社会也是住在天然的山洞里，同大自然中的野兽进行着搏斗。直至人们在建筑上有了进步，发现了沙石、灰泥混合凝固之后会变得非常坚固，发现了用黏土抹墙的技巧之后，才搬出了山洞，开始自己建筑房屋。这样说来，蟋蟀建造房屋要在人类之前，这只是它的一种本能而已。但是，为什么大自然唯独把这种本能赐给了蟋蟀呢？

它的智力那么低下，但它却能造出完美、舒适的房子。大自然赐予它这项才能是出于对它的偏爱吗？当然不是。蟋蟀在掘土、凿洞方面没有什么过人之处，它的建筑之所以让人们感到惊奇，其中一个原因便是它工作时使用的工具，这个工具太柔软了。

那么，蟋蟀建造一间如此坚固的房子，是不是因为自己的外壳过于柔嫩，需要保护？答案是否定的。因为与蟋蟀同一种类的那些昆虫，皮肤也都是柔嫩、敏感的，但它们并不害怕在户外待着，暴露于大自然中。

那么，它特殊的建筑才能，是不是与自身的结构有关系？它身上是否有一个特殊的器官？其实不是。在我居住的地方周边，一共生活着三种不同的蟋蟀，它们同田野里面的蟋蟀非常相像，无论是颜色、相貌，还是身体结构。最初的时候，我经常把它们同田野中的蟋蟀搞混。然而，即使如此相像，这三种蟋蟀也都不会像野外的蟋蟀那样筑巢。其中的一只身上长着斑点，它只是把家安置在潮湿的草堆里面。另外一只蟋蟀显得很孤独，它独自在土块上跳来跳去，也不见它回家，像是一个流浪汉。波尔多蟋蟀更有趣，它毫无顾忌地闯入我的屋里，甚至连个招呼都不同我打，标准的不请自来。从八月到九月，都能听到它躲在阴暗的角落里唱歌。

不要再去猜测蟋蟀高超的建筑才能来自何处了，这些自然的本能，

---

[1] 媲美：美好的程度可以相比。

我们从来找不到根源，它也不需要有什么理由。无论从蟋蟀的体态、身体结构，还是从它工作时用的工具上面，我们都不可能得到问题的答案。

我现在知道的四种蟋蟀中，只有一种会筑巢。这说明，关于蟋蟀的本能的来源，是一个非常复杂的问题，我们对此知之甚少。

几乎每个人都知道蟋蟀的家，大部分人在小的时候，都曾经观察过蟋蟀的房子。这个小动物非常敏锐，无论你走路多么小心，脚步放得多么轻，它都能感觉到有人来访，随即便会找一个更安全的地方躲藏起来。所以，当你到达蟋蟀房前的时候，总是发现人去楼空，让人失望。

我想，如何把这些小东西从藏匿的洞中诱惑出来，这一点，凡是经历过的人都知道。你可以把一根草伸进它的洞内，轻轻地搅动。里面的蟋蟀不知道外面的情况，可能是被搔痒了，也可能是被惹怒了，怒气冲冲地冲出房间，来到走廊上。起初它很迟疑，待在过道里不肯出来，只是轻轻地晃动着自己那两根触角，仿佛在接收情报一样。等它觉得没有危险了，便会走到有光亮的地方。只要这个小东西出来，便很容易被抓到。它的头脑过于简单，智商太低，所以很容易被骗出来。可是，如果让它跑了，它就会吃一堑（qiàn），长一智，提高自己的警惕性，不再随便上当。这个时候，你就要想想别的办法了。比如说，你可以用水把它从洞中灌出来。

这些童年的趣事让我想起了那个年代，那真是值得回忆和羡慕。当时我们经常去草地上玩，在那里捕捉蟋蟀之类的昆虫，然后把它们带回家，放到笼子里面养起来，并采来一些新鲜的莴苣叶子，给它们当食物。这种童趣至今难忘。

还是谈谈眼下的情况吧。为了能够更好地研究它们，我四处搜寻着它们的巢窠。我的另一个同伴是小保罗，他像我小时候一样，用一根草棒伸进蟋蟀的洞内去搅。在这一方面，他非常出色，可以说是专家级的。他努力了很长时间，终于有所收获。他激动地叫了起来，脸上写满了兴奋。他抓住了一只小蟋蟀。

我赶紧拿出准备好的袋子，对小保罗说道："快把它放进来。来吧，快跳进去吧，我的小俘虏。我在里面准备了丰富的食物，你可以在里面安心地居住。不过，你可要知恩图报啊！把你知道的事情，把我正在苦苦追寻的问题答案通通告诉我。噢，对了。在此之前，把你的家先给我们展示一下吧！"

如果你不去注意的话，你不会知道在那些草丛之中隐藏着一个隧道。这种地方排水性很好，即便是刚刚下过瓢泼大雨，地面也立刻就会干。这条隐蔽的隧道顶多有九寸深，有一个手指那么宽。隧道有一定的倾斜度，有时候是垂直的，有时候是弯曲的，这随隧道所在地形的情况和性质而定。不过，有一点是相同的。那就是，无论哪只蟋蟀的洞穴，都会把洞口用一片草叶遮掩一下，只露出半个洞口。蟋蟀在出来进食的时候，绝不会去动门口的这片草，这个道理同"兔子不吃窝边草"是一样的。它总是把宽敞的门口收拾得干干净净，因为那里是它的舞台。每当宁静的夏夜来临，蟋蟀就会带着它的四弦提琴来到这个舞台上，开始演奏美妙的夏夜之音。

它的屋子里面很朴素，有的地方还暴露着墙体，但是并不粗糙。这所房子的主人有的是时间，可以好好地去修补一下这些粗糙的地方。卧室在隧道的底部，那里的装饰比其他地方要稍加精细，地方也比别处显得宽敞。这个住所可以说很简单、很整洁、很干燥，非常讲究卫生。如果我们考虑它筑巢的工具是那样简单的话，这所房子可以说是一个伟大的工程。那么，这个房子是如何修建的呢？是何时修建的呢？这个问题，还得从蟋蟀刚刚产卵的时候说起。

在产卵方面蟋蟀和黑蚤斯很像，它们都是把卵产在土里，深约 0.75 寸，这些卵的总数有五六百个，被排成一片。蟋蟀的卵外形奇特，像是一种精密仪器。等孵化后，它看上去像一只长瓶，呈灰白色，顶端有一个圆孔。

蟋蟀的卵产下来两个星期之后，就会有幼虫出现。它们十分幼小，还待在襁褓中，外面那层紧紧的衣服，让人辨别不出它们的相貌。你可能还记得螽斯孵化时的情景，同蟋蟀一样，它也穿着一层紧紧的衣服。蟋蟀和螽斯是同类动物，但是，显然螽斯的那层紧紧的衣服要起到更大的作用。因为，它的卵在孵化出来之前，要在地下停留八个月之久。这八个月内，头上的土壤都变硬了，它必须经过殊死拼搏，才有可能见到阳光，因此，一件能够保护它的长腿的紧身衣就显得格外重要。但是，对蟋蟀来说，衣服的作用就不是那么大了。因为蟋蟀整体比较短粗，在地下也只不过是待几天而已，而且出来的时候不需要穿越硬土层。这就显得蟋蟀的紧身衣有点多余，蟋蟀也这样认为，于是就把它脱掉并扔到壳里去。

等蟋蟀从襁褓中出来的时候，我们就会发现，它的身体几乎全是白色的。这时，它要面对第一项挑战，那就是同眼前的泥土搏斗。它用自己的腮和腿去清除眼前挡道的泥土，把它们用腮咬住扔到一边，或者是用腿踢到身后。不一会儿，它就来到了地面，开始享受阳光。此时的它是那样的弱小，甚至还不及一只跳蚤。

过了二十四小时，它身上的灰白色变成了黑色，只留下一条白色的肩带围绕在胸部。它身上的黑色和发育完全的蟋蟀没有什么区别。

上面提到过，蟋蟀一次产的卵有五六百个之多。它为什么要产这么多卵呢？原因很残酷，那就是它们中的大多数都会被杀掉，只有靠数量的优势才能生存下来。那些小型的灰蜥蜴和蚂蚁是主要的刽子手，大部分屠杀都是它们策划并实施的。蚂蚁非常凶残，经常把我家附近的蟋蟀吃得一只都不留。只要它看到小蟋蟀，就上前一口咬住它的脖子，狼吞虎咽地吃下去。

唉，我们以前还将蚂蚁看作一种很高级的昆虫，还有那么多赞美它的书。这些赞美声也一直回响在人们的耳边。这个可恨的刽子手还受到自然学者的崇拜，名誉也是日益增加。这让我们不得不感慨，原来动物同人一样，损害别人是增加自己名声最好的方法。

就像那些甲虫，虽然它们从事的是清洁工作，但是丝毫不能引起人们的关注，相比之下，吸血的恶习倒是无人不晓；还有那些带着毒刺、暴躁的黄蜂，无恶不作的蚂蚁。蚂蚁经常跑到别人家里将人家房屋上的椽（chuán）子[1]咬坏。最可气的是，当它在做坏事的时候，一点罪恶感也没有，还仿佛是在吃大餐一样高兴。

蚂蚁将我花园中的蟋蟀杀干净了，我不得不跑到别处去抓几只回来研究。八月的时候，地上铺满了落叶。我在树叶下的草上发现了一些幼小的蟋蟀，它们的个头已经长大了，身上的颜色是通体的黑色，白色的肩带已经消失不见了。这个时候的它们四处流浪，没有安定住所，一片枯叶或者一块石头都可能是它们临时的住所。

许多蟋蟀躲过了蚂蚁的迫害，但是又陷入了黄蜂的魔爪。黄蜂专门猎取这些无家可归的流浪者，然后将它们埋入地下。其实蟋蟀完全可以避免黄蜂的威胁，只需要提前几周做好防护工作。但是，它不会想到这一点，它还是按照以往散漫的方式生活，仿佛不惧怕死亡一样。

那蟋蟀要等到什么时候才肯筑巢呢？一直要到十月，气候变得寒冷，蟋蟀才开始考虑结束流浪生活，准备筑巢。观察笼子里的蟋蟀筑巢之后，我们发现，这并不是一项多么难的工作。它选择的掘洞地点不是那种裸露的地面，而是有东西掩盖的地方，比如说，一片莴苣叶下面，或者其他东西下面。这样做是为了保护自己的巢穴不被发现。

在它工作的时候，我就在一边悄悄地观察。它前后腿都紧紧地蹬着地面，把较大的石块用嘴咬去。它还把清扫出的灰尘推到后面，并将其

---

[1] 椽子：装于屋顶用于承接屋面和瓦片的木条。

倾斜地铺开。这样，蟋蟀是如何筑巢的我们就一清二楚了。

它工作的效率很高，在笼子中，它往往要在土中待上两个小时才会出来一次。它隔一会儿就身子冲着里面倒退到进出口一次，它在不停地打扫着尘土。要是它觉得疲劳了，就会在门口休息一会儿。休息时，它头冲着外面，一副疲惫不堪的样子，触须也无力地摆动着。过了一会儿，它又钻进洞中，继续修建巢穴。它的休息时间随着开工天数的增多，也逐渐增长，有时候，我都会等得不耐烦。

看来蟋蟀已经把筑巢最重要的一步完成了。洞已经有两寸多深，虽然距离最后完工还有很大的距离，但是，足够蟋蟀暂时容身。接下来的工作，蟋蟀就可以慢慢干了。它也不再着急，今天干一点，明天干一点。随着时间的流逝，天气越来越冷，蟋蟀的个头也越长越大，这个洞也会随着变大、变深。即使是在寒冷的冬天，如果阳光明媚的话，也可以看到有蟋蟀在洞中掘土。春天到了，万物复苏，在这样本该享乐的季节里，蟋蟀仍然不肯歇息。它不断地做着洞穴的修理和装饰工作，这种工作会断断续续一直持续到它死去。

蟋蟀第一次亮出它的歌喉是在四月底的时候。最初的表演只是独唱，声音还略显羞涩，用不了多久，独唱就会变成一股合奏，就连没有生命的泥土、小草都会被它那美妙的演奏打动。我觉得它应该算是春天里面最有实力的歌唱家。春天里，百灵鸟那优美的歌声从天上传到地下，穿过了荒芜的原野，穿过了荒废的土地，穿过百里香和薄荷繁盛的花丛。地上的蟋蟀听到之后，也禁不住放开歌喉，高歌一曲，以求相应相合。

蟋蟀同百灵鸟的合奏听上去很单调，而且没有配合的默契。但是，你细细地感受一下，这种单调同春天里面万物复苏带来的单调的喜悦协调得很好，与种子的发芽，新长出的叶片协调得也很好。在这两者的合唱中，我觉得蟋蟀更胜一筹。光是蟋蟀那不间断的音节，就让百灵鸟自叹不如。到最后，原野中就只剩下了蟋蟀自己的歌声，它发出的赞美是那样的朴实，它是那样的不知疲倦，这些歌声陪伴着它度过了每一刻寂寞的时光。它的歌声既是对大自然的回报，也是对自己的伴侣的回报。

为了科学研究，我向蟋蟀要求借它的乐器看看。仔细地观察一番之后，我觉得它没有什么特别之处，非常简单。它同螽斯身上的乐器差不多，是一只带有钩子和振动膜的弓。除去后面和转折包在体侧的一部分之外，蟋蟀的右翼鞘差不多完全遮盖着左翼鞘，在这一点上，它与它的那些同类朋友截然相反，无论是蚱蜢、螽斯，还是其他同类都是左翼鞘盖着右翼鞘。

这两个翼鞘是完全一样的，关于它们的结构只知道一个就行了。它们平铺在蟋蟀的背后，在侧身处，它们紧紧地包裹着蟋蟀的身体，后背与侧身交接处弯曲成直角，上面还有许多漂亮的细脉。

你试着小心翼翼地揭开这两个翼鞘，向着光亮的地方去看，你就会发现其颜色是淡淡的红色。它前面的部分大，呈三角形状；后面的部分小，呈椭圆状，前后部分只有两个地方连接着。蟋蟀就是靠这两个地方发声，这两个地方的皮是透明的，带一点灰色，结构上比其他地方要紧密一些。

有五六条黑色的条纹，长在蟋蟀翼鞘前一部分的后端边隙的空隙中，看上去像是梯子的台阶。这些条纹会互相摩擦，这样一来，它们与下面弓的接触点的数目就会增加，震动也会随着增强。

在下面的部分，有两条脉线围着空隙，其中的一条呈肋状。切成钩的样子的就是弓，大约有一百五十个齿长在上面，都呈三角形，整齐得就像卡着模子做出来的。

由此可见，这件乐器的确是非常精致。弓上面的一百五十个齿，要卡在上面翼鞘的梯级里面，然后，四个发生器会同时振动，其中下面的一对发生器是直接摩擦，上面的一对是摆动摩擦，这些摩擦和振动的频率非常快，所以，你在数百码以外就能听到它的歌声。

同蝉那清澈的鸣叫相比，蟋蟀的声音一点都不逊色，甚至比蝉的声音更细腻。它们的声音之所以好听，是因为它们懂得调节音调。蟋蟀的翼鞘很开阔，因为它们是冲着两个方向伸展的。这无形中形成了一种制音器，不管翼鞘升高还是降低，都能改变发出的声音的强度。蟋蟀身体非常柔软，可以随意地调节翼鞘与身体的接触程度，这也就使得蟋蟀的声音有时婉转动听，有时高亢激昂。

蟋蟀身上的两个翼鞘是完全相同的，我们可以很清楚地看到上面，也就是右翼上的弓和四个发音地方是如何工作的。那么，左翼上的呢？左翼上的弓虽然也长满了齿，但是它们不同任何东西接触，只是摆设品，永远派不上用场。如果把它们拿到上面呢？让上下的翼鞘换一下位置，发音器的功能都是一样的，只不过以前用的是右翼上的，现在要尝试一下左翼，演奏出来的曲子应该还是一样的。

起初，我以为蟋蟀的两张弓都是有用的，没想到事实不是这样。我又想，至少也有蟋蟀用左翼上的弓演奏，就像有的人是左撇子一样，事实证明，我又错了。我观察过的蟋蟀，无一例外都只用右翼上的弓。

我甚至想人为地改变它们的这种天性。我用一把钳子，非常轻巧地将蟋蟀的左翼鞘拿到上面来，盖到右翼鞘上面，其余的部位都毫发无损，肩上没有脱落，翼膜也没有皱褶。这件工作没有想象的那样难，只要你有一点技巧加上耐心就能做到。

我耐心地等待着，我希望我的实验能够取得成功，无论是哪边的翼鞘在上面，它都能快乐地演奏。不久之后，我便失望了。蟋蟀自己调节了状态，把右边的翼鞘又拿到了上面。我不甘心地再三将它调整过去，但是，最后蟋蟀的顽固取得了胜利。

后来，我改变了一些认识，我觉得这种实验应该在蝼蛄刚刚退去外壳的时候做。那时候的它还是一只幼虫，翼鞘也是柔软的、崭新的，形状就像四个极小的薄片。短小的外形，朝着不同方向平铺，这两点让我想起了面包师穿的那种短马甲。

不久之后，一只蛴螬便在我面前脱去了外壳，变成了一只小蟋蟀。它那柔嫩的翼鞘慢慢地长大，这个时候，两边的翼鞘还没有接触，看不出哪边会在上面，哪边会在下面。几分钟之后，两片翼鞘开始接近，右边的看样子要压到左边的上面。这个时候，我果断出手，进行自己的试验。

我的工具是一根草，我用这根草慢慢地将左边翼鞘调整到上面，轻轻地盖到了右边翼鞘上。虽然蟋蟀看上去有些不乐意，但是并没有挣扎或者反抗，我的实验得以成功。此后，它就在这种状态下慢慢地长大，它也习惯了自己与其他蟋蟀的不同。我非常希望听到它演奏，如果成功的话，它将是蟋蟀家族中第一位用左边翼鞘上的弓演奏的。

等到第三天，它不负众望地开始演奏。起初，我只是听到几声摩擦的声音，就像机器没有磨合好，正在调试一样。之后它便发出了正常的声音，同其他蟋蟀的一模一样。

我以为自己成功了，非常兴奋。但是等我仔细一看，便傻眼了。它还是用自己右边的翼鞘上的弓演奏，而且一直是这样。看来，我过于相信自己改变大自然规律的能力了。蟋蟀的举动狠狠地嘲笑了我一番，笑我不自量力。它拼命地想把被我放到下面的翼鞘拿到上面来，由于太过用力，甚至肩膀都脱臼了。最终，它还是如愿以偿地按照原本面貌调整了两个翼鞘。我想造就一只左手琴师的梦想正式告破。

关于乐器我们已经讲了不少了，下面就让我们欣赏一下它的音乐吧！蟋蟀从不躲在屋子里面唱歌，它会走出房门，来到门口的平台上表演。翼鞘发出的振动声非常柔和。它的音调能拖很长，仿佛能无休止地延伸到很远的地方。除了长之外，它的音调还很圆满、很响亮。它既是在打发无聊的夏日时光，也是在给自己寻找快乐，它歌颂着大自然的一切，阳光、青草、巢穴，都是它歌颂的对象。它用自己的弓表达着对大自然，对生命崇高的敬意。

到了后来，它的演奏不再是单纯表达喜悦和感恩，它开始为同伴演奏。但是，有时候付出不一定会有收获，它并没有得到同伴的感激，而是一场争斗。它们的争斗往往很激烈，输掉的一方将离开这里，否则将被弄成残废，甚至还有被吃掉的危险。其实这个时候，它们已经到了生命的尽头了，即使不被吃掉，它们也活不过六月。听说它们被喜欢音乐的希腊人养在笼子里，专门给他们演奏。这件事我有点怀疑，它们的声音略带烦嚣，时间久了，人的耳朵肯定受不了。希腊人可能是喜欢到田野中去听一下它们的演奏，而不是放到耳边，整日欣赏。

蝉是不能放到笼子里去养的，它们是喜欢高飞的动物，即使你把洋橄榄和榛（zhēn）系木一同放入笼中，把环境装扮得跟树上一样，它们也活不过一天。

有人认为蟋蟀也会同蝉一样，受不了笼子的束缚。如果你是这样想的，就大错特错了。蟋蟀非但不讨厌笼中生活，还会感到很快乐。它本来就很容易满足，现在长期住在别人家中，还每天都有人送来吃的，它别无所求，感到很快乐。每天几片莴苣叶子，就能让它忘掉目前住在拳头大的笼子里。如此说来，希腊人将它们装入笼子，挂在门前也是很有可能的。

其实，这样做的不仅是古希腊雅典城里的孩子，我们这边的小孩，还有南方的小孩也都喜欢这样做。如果是在城里的孩子手中，蟋蟀会显得尤为珍贵。蟋蟀从主人那里得到了不少恩惠，和不少美味佳肴。但是它们不会白吃白拿，它们会用自己的方式来回报主人，那就是给他们唱歌。蟋蟀往往能同养它们的主人产生感情，以至于在它们死后，主人会感到非常悲哀。

我提到过我的家附近有三种蟋蟀，它们有同样的乐器，唱出的歌也非常像，但是它们的身材各不相同。其中个头最小的就是波尔多蟋蟀，它的歌声也很细微，人们必须停下手中的一切，仔细听才能听到。

田野里的蟋蟀，喜欢在阳光温暖的春日里歌唱，等到了夏日的夜晚，我们听到的歌声则是出自意大利蟋蟀。这种蟋蟀非常瘦弱，身上呈淡淡的白色，这种颜色与夏日里的夜光非常协调。它喜欢待在高处，比如一些灌木和比较高的草上，很少到地面来活动。从七月到十月，它甜蜜的歌声将陪伴人们度过炎热的夜晚。

这里的人对蟋蟀的歌声都很熟悉，他们知道这些乐队可能就藏在灌木的叶子底下。它们发出的那种非常柔和，节奏很慢，并加了轻微颤音的"格里里，格里里"的声音，非常有趣。如果没遇到外界的打扰，它们将一直保持一种声音，但是，只要有一丁点儿动静，它们就立刻转变腔调，唱起另外一首歌。

有时候，你从声音上判断它们离你很近，但是，一瞬间过后，那声音又变得仿佛很远。你朝发出声音的那个方向走过去，却又找不到它们，声音又会从原来的地方传来。这声音到底是来自左边还是右边，前边还是后边，让人搞不清楚，没法判断声音的来源。

为什么会这样呢？这种幻声是由两方面造成的。第一，蟋蟀能够通过调整翼鞘的位置和下翼鞘被弓压迫的部位，来调高或者调低发出的声音。抬高翼鞘，就会发出比较高的声音；低下翼鞘，声音就变低。第二，蟋蟀会利用这种技能来迷惑敌人，淡色的蟋蟀还会用颤动板的边缘压住柔软的身体，目的都是将来者搞昏。

我知道的昆虫中，歌声最动人、最清晰的就要数蟋蟀了。八月的夜晚，夜深人静，我常常俯卧在草地上，嗅着迷迭香的香味，听着蟋蟀的音乐，那种感觉至今难忘。

我的小花园成了意大利蟋蟀聚集的场所，红色的野玫瑰、薄荷、野草莓丛，还有小松树等，都成了它们的演奏场所。那些清澈而富有美感的声音，从一棵树上传到了另一棵树上，余音缠绕在树枝间。意大利蟋蟀就像贝多芬一样，演奏出了一曲动物版的"欢乐颂"。

头顶上是高高的天空，偶有天鹅飞过，身边有昆虫美妙的音乐围绕着我，高低起伏。我已经完全陶醉在那美妙的演奏中，倾听着那些微小生命的快乐，这一切让我忘记了天地。头上的星空冷冰冰的，丝毫不能打动我，那是因为，它没有生命，它缺少温度。

生命就是大地的灵魂，有生命才有活力，我要好好感谢一下蟋蟀，是它让我充分体会到了这一点。这也是我不喜欢仰望星空，喜欢被蟋蟀的音乐包围的原因。一个微粒，哪怕再小，只要它有生命，它就会有快乐和痛苦，我就会对它感兴趣，我对任何生命都无比热爱。

关于观察蟋蟀的产卵，我还有自己的一段特殊经历，写在最后与大家分享。

如果你想了解蟋蟀产卵，不必像进动物园一样花钱买票，你要做的就是要有足够的耐心。在伟大的博物学家布封眼中，拥有这种耐心的人凤毛麟角，他称这种人是天才。我倒觉得没那么夸张，我觉得耐心是一名观察者需要具备的最基本的条件，也是一种很可贵的品质。我们在四五月间从野外抓来蟋蟀，将它们一雄一雌地配对，然后让每一对单独住在一起。它们居住在花罐中，地下铺着底土。它们的食物是新鲜的莴苣叶，每隔一段时间都会更换一次。为了防止它们跑掉，同时也为了观察，得用一块透明的玻璃将罐口盖住。

这种观察方法很简单，但是很有效，许多重要的信息就是通过这种方法观察获得的。如果需要的话，我们还可以用一些辅助工具，比如说金属笼子之类的，这个我会在下面讲到。为了能够看到蟋蟀产卵，我全程保持高度警惕，密切关注着蟋蟀的动静。

坚持不懈的观察终于有了收获，在六月的第一周中，我看到雌性蟋蟀待在原地，一动不动，并将产卵管插进身下的土中。我承认自己在一边偷窥有些不礼貌，但是这只蟋蟀一点儿都不介意。产完卵之后，它把产卵管从土中拔出，并用脚扒拉了几下身下的土，像是在消除痕迹，以免被别人发现；它稍加休息，又赶到了另外一个地方，重复刚才的工作，向地下产卵；它东插一下，西插一下，在能利用的地方全部都排下了自己的卵。这种产卵工作一直持续了很长时间。为了不错过什么，我连续观察了好几天。

几天之后，我把蟋蟀的卵从土中扒出来。可以看到，卵的颜色是黄色，那种稻草的黄色，形状是圆柱体，有三毫米长。这些卵离土壤表层大约两厘米，虽然在土中彼此之间距离很近，但是并不接触。蟋蟀一次到底产下了多少卵呢？这个统计起来有些麻烦，我在整个地表的下面都发现了卵，借助着放大镜将它们一粒粒找出，然后数了一下，最后知道，一只蟋蟀一次产卵过程中，总共会产下大约五百粒卵。这个家庭的规模是如此的庞大，要想都生存下来是不可能的，肯定会有许多成员被裁掉。

蟋蟀的卵本身就是一个微妙的机械系统，每一粒都是如此。卵的外壳顶端有一个很规则的圆孔，将来幼虫破壳而出的时候，卵上面的封盖会裂开，不过，它们并不是很随意地裂开，也不是被里面的幼虫顶开的，它们是沿着一道原本就有的纹路自动打开，这个过程非常奇妙。下面就让我们来看一下这个孵化过程。

卵被产下来半个月之后，你就可以透过卵壳隐约看到里面的幼虫了。卵壳的前端隐约可以看到一对大圆点，黑色中透着一点红，那是幼虫的眼睛。如果你仔细观察的话，会在圆柱体卵的顶端发现一个小小的环形圆圈。以后卵壳的封盖就会从这里打开，幼虫从这里走出。幼虫那细小的身体，在卵中若隐若现。这是一个非常关键的阶段，此时的观察非常重要，需要加倍的仔细，尤其是在上午。

机会喜欢眷顾有准备的人，运气则喜欢眷顾有耐心的人。我的付出得到了很好的回报，我目睹了幼虫是如何来到这个世界的：卵壳顶端的环形纹路已经变得十分清晰，只需里面的幼虫轻轻地一碰，这个封盖就会沿着纹路与卵壳分离，落在一边，幼虫随即从这个孔中钻出。这个过程，就像是一件玩偶在打开礼物盒的那一刻从里面弹出一样，让我感到惊喜。

第十三章　松毛虫

我花园中的那几棵松树每年都搞得我疲惫不堪，因为每年都会有松毛虫去树上筑巢，它们还会吃掉几乎所有的树叶，我不得不在每年冬天去毁掉它们的巢。

并不是我吝啬，实在是这些毛虫太过分了。再不把它们赶走，它们就要把我赶走了。要是放纵它们的话，我恐怕就再也听不到风吹松树发出的那种动听的声音了。尽管对它们如此厌恶，也并不能阻止我对它们产生好奇。为了能够了解它们，我任凭它们占领松树，只想获得关于它们的所有信息。

在我停止对它们的围剿之后，没过多久，就有三十多只松毛虫在树上筑了巢。这种松毛虫还有一个名字叫"列队虫"，这是因为它们总是一只跟在另外一只后面列队爬行。每当看到它们在我眼前爬来爬去的时候，我就有一种迫不及待地了解它们的冲动。

接下来描述的就是我对它们的一些了解。

首先要说的是它们的卵。八月上旬的时候，我看到松树的树枝上挂着很多白色的小圆柱。这些小圆柱大约有一寸长，形状像个手电筒，而且看上去白里透红，像极了一种丝织品，上面还堆叠着一层层的鳞片，像是房顶上的瓦似的。这些小圆柱便是松毛虫产下的一簇卵。

把外面那层鳞片似的绒毛刮掉，就露出了里面的卵。你会发现，一个巢内大约有三百颗卵，这真是一个大家庭啊！这些卵看上去像珍珠一样，而且排列得非常整齐。

比这些珍珠似的卵更让人感兴趣的是它们的排列图形，它们排列出的图形是那种非常规则的几何图形，让人既惊奇又不解。小小的蛾怎么懂得如此规则的几何图形呢？然而大自然就是这样神奇，它会给每一种事物都安排一种规则。就好比花瓣有花瓣的形状，蝴蝶身上有精美的图案。事无巨细，大自然都给出了最合理的安排。到底谁是整个世界的主宰者呢？不是人类，而是伟大的大自然。

九月的时候，这些卵就将孵化出来。到那时，你可以掀开小圆柱形外面的鳞片，一睹它们的面容。你会看到许多黑色的小头，争相爬到最上面。它们的身上呈淡黄色，脑袋是黑的，脑袋的体积有身体的两倍大。这些幼虫毫不恋家，它们出生后的第一件事情就是把挂住巢的松针吃掉。这样它们就能从原先的松针上掉到其他松针上，这时候，这些兄弟姐妹们就要分道扬镳了。不过，它们往往会两三个落到一起，不至于太孤单。这几个幼虫排着队在树枝上爬行，如果你此时去碰它们一下，它们会抬起头，摇晃着身体跟你打招呼，显得非常友好。

接下来，它们会用几片树叶做一个帐篷。等到天一热，它们便会躲进这个帐篷中。一直到天气变得凉爽的时候，它们才出来觅食。

吃掉松针、排队爬行，还有制作防暑的帐篷，这些都是松毛虫在孵化出来之后一个小时之内要干的事情，它们是从哪里学到这些本领的呢？没人知道。

帐篷会越建越大，等到二十四小时之后，它们已经有榛仁儿那么大了。等两周以后你再来看，它们已经变得有苹果那么大了。不过，这还远远不够。要想抵抗即将到来的冬季，这个帐篷还要织得更大、更结实。

织帐篷的同时，它们还会把越来越大的帐篷周边的松针吃掉。在解决住的问题的同时，还解决吃的问题，真是一举两得。这还有一个好处，那就是不用去太远的地方觅食，避免了危险，毕竟它们此时太脆弱了。

可是，帐篷周边的松针被它们吃掉之后，就没有东西能支撑这个帐篷了，帐篷自然而然也就塌了。我说过，松毛虫一点儿都不恋家。它们会迁徙到松树的高处，另外再造一个帐篷。它们只会往高处迁徙，有时候甚至能迁到松树的顶尖上去。

在不断迁徙的过程中松毛虫长大了，它们的外貌也发生了变化。六个红色的小圆斑会出现在它们的背上，这些小圆斑周边还会长出刚毛，有的是红色，有的是绯红色。一些金色的小斑会分布在红色圆斑中间，身体两侧和腹部会长出白色的毛。

十一月的时候，冬季马上就要来临。松毛虫开始在树枝的末端筑巢，这些树枝都处在松树的顶端。它们首先会织一张网，用这张网把周边的松叶全部包裹起来。这样，又有丝又有针叶，巢才会更结实。完工的巢外形像一枚鸡蛋，体积约有半加仑[1]。有一条乳白色的，中间夹着松叶的丝带位于巢中央。巢的门是一个个的小孔，位于巢的顶端，松毛虫便从这里爬进爬出。它们还用丝结成一张网，给自己在巢外的松叶上做了一个阳台。松毛虫喜欢晒太阳，它们经常在这个阳台上像叠罗汉一样晒太阳，这样做可能是为了避免被阳光灼伤吧！

松毛虫懒得打扫卫生，所以它们的巢中比较脏乱，它们身上蜕下的皮，还有其他的各种垃圾都堆积在巢中。因此松毛虫的巢是标准的"金玉其外，败絮其中"。

整个夜里，松毛虫都躲在巢中。早上十点是晒太阳的时间，它们陆续从巢中出来，在阳台上叠成一摞（luò），开始享受阳光。它们晒太阳

---

[1] 加仑：体积单位，英制 1 加仑约为 4.546 升，美制 1 加仑约为 3.785 升。

要晒一整天，中途都保持着这个姿势一动不动，只是偶尔会摇摇头，显示出一副舒适的模样。下午六七点钟，随着太阳下山，它们也结束一天的活动，纷纷爬进各自的屋里。

它们看似除了睡和吃就是晒太阳，其实不是这样，它们无论到哪里，都是一边走，一边吐着丝。这些丝伴随着随时随地掺入的松叶，使得巢越来越大。除了白天以外，每天晚上它们还会专门拿出两个小时来做这项工作。它们很明白，这已经不是悠闲的夏天了，很冷的冬天即将来临，所以它们每个人都既兴奋又紧张地忙碌着。

想要平静而又舒适地生活，就得孜孜不倦地工作，这一点无论是对人类还是对动物而言，都是一样的。松毛虫努力工作是为了有个舒适的环境冬眠，是为了来年能够从幼虫变成蛾；而我们呢？我们是为了能够得到最后的归宿。这些努力耗尽了时间，同时耗尽了生命，但是新的生命也由此而出。就让我们一起努力吧！

它们的用餐时间是在结束一天工作之后，地点是在位于巢下面的针叶上。它们陆续从巢中爬出来，红红的外衣，衬在绿绿的针叶上，看上去非常美妙。它们进食的时候非常安静，轻轻晃动的黑色额头在我的灯笼照耀下反射出黑色的光。它们吃完之后回到巢中，有的还要再工作一会儿。到深夜一两点钟，所有的松毛虫才会全部归巢。

松毛虫吃东西很挑剔，它们除了三种松叶以外，什么都不吃。即使是再香的树叶，它们也绝不会动一口。很多动物都挑食，人也是，不过像松毛虫这样挑食的还真是不多见。

蚂蚁会顺着来时的路回到巢中，松毛虫也是如此。它们边走路，边吐丝，回去的时候便顺着这些丝找到自己的巢。有的时候也会出现一点小意外，比如两只松毛虫的丝出现了交叉，它们便识别不出哪根丝是自己的，错走到别人的巢中。但是不用担忧，松毛虫之间非常友爱，绝不会出现任何争执。看来大家对于这种错误早已经习以为常了。到了睡觉的时候，主人和不速之客便睡到一起，没有丝毫的生疏。主人对于这位不速之客其实是欢迎的，因为它们只要行动便是在吐丝、筑巢，这位客人在它的家里活动便无形中帮助了它筑巢。由于走错巢的事情经常发生，所以无私帮助别人建巢的事情也是每天都会发生。它们的集体观念很强，无论是在哪里都会努力地吐丝。如果它们只在自己家里肯努力工作，到了外面就一毛不拔，一点丝也不吐，那后果会怎么样？肯定是一事无成。它们正是靠着几百个个体一起工作，各尽其能，才筑起了又大又暖和的堡垒。每只松毛虫为自己工作的同时，也是在为其他松毛虫工作。对于其他松毛虫来说也是如此。它们不分你我，没有私有的概念，也就不可能发生争斗。这是多么幸福的一件事情啊！

有一个关于羊的老故事，说是一只羊被扔到了海里，其他的羊也都跟着跳到了海里。这是因为羊有一种盲目跟从的天性，无论前面的羊干什么，它们都要跟着。亚里士多德曾经说过，这世界上再也没有比羊这种动物更愚蠢、更可笑的了。

这种天性不是羊的专利，松毛虫也具有，甚至比羊还要厉害。后面的松毛虫会用触须顶着前面松毛虫的尾部，这样依次排成一条队伍。前面领头的那只无论做什么动作，如何扭曲、摆动，后面的松毛虫都会把这些动作照做一遍。我们说过，松毛虫会一边走路，一边吐丝。领头的松毛虫吐出一根丝，后面紧跟着的那只毛虫会吐出第二根，并与第一根重合，后面的以此类推，等到了队伍最后面，这么多的丝已经结成了一根丝带，在太阳底下发出闪闪的光。相对人类用石子铺路来说，松毛虫这种铺路的方式要奢侈得多，它们结成的这条丝路柔软、光滑。

为一条路付出如此大的代价值得吗？它们为什么会这样奢侈？我觉得可能有两个原因：首先，吐丝是它们能够安全回到家的保障。它们大部分是在夜间活动，还要经过崎岖的路径，格外容易迷路，如果不是顺着自己的丝迹，它们就很难找到自己的家。

即使是在白天，它们也会长途跋涉，不是去觅食，而是去考察。它们大约会经过三十码的距离去另一个地方考察，为自己变成蛾之前的那个蛰伏期选择场所。这样长途的旅行，沿途用丝来做记号就显得格外重要。

其次，当它们在树上觅食或者是从事其他活动的时候，沿着丝线可以顺利会合。它们出来活动的时候是集体出来的，回去当然也是集体回去。它们会顺着自己的丝线，找到那条主线，汇成一支大部队，怎么样来的，再怎么样回去。

每次松毛虫出来活动，总要有一个领头的，无论这支队伍规模大还是小。经过观察，我发现，它们的领袖不是选举出来的，也不是由谁指定的，而是随机产生的。并且，路上如果遇到一些意外，领袖还会随时换。举例说，如果一支行进中的松毛虫部队被打乱了队形，那么等它们重新首尾相接排列好，你会发现此时的领袖已经不是刚才那个了。可以说，每个领袖的地位都是暂时的。但是，它们只要在这个岗位上，便会发挥自己的作用，负起自己的责任。在队伍前行的过程中，首领会时常摇摆着上身，像是在刻意炫耀自己的领袖身份，这是可以理解的，毕竟从别人后面的跟屁虫变成了领军的人物，跨越了很大的一步。再说，这个领袖的任期实在是太短了，指不定什么时候又要变成平民了。但也可能，它摆上身不是在炫耀，而是在视察地形，毕竟后面的都要跟着自己走，谁也不想做那只领着大家跳海的羊。它是在找一个可以觅食的好地方，还是可以晒太阳的好地方？还是在犹豫该去哪儿？我们猜不透它那个又黑又亮的脑袋里在想什么，只能做一些推测：它也可能是在探路。

我见过最长的松毛虫队伍有十二三码，整个队伍中大约有两百只松毛虫。我见过最短的一支松毛虫队伍比较可怜，只有两只松毛虫。不过它们没有因为数量少就破了规矩，仍然是一前一后，亦步亦趋。看来松毛虫的队伍是相差悬殊，数量不一的。

有一天，我想逗一下这些毛虫。我计划用它们的丝铺成一条路，然后让它们按照这条路的方向走。我铺的这条路并不是通向哪里，而是围成一个圆。我想，它们会不会就这样一直原地转下去呢？

我这个计划得以实现，全凭偶然。我的院子里有几个大花盆，那是我拿来栽棕树用的，一周大约有一码半长。毛虫们平时喜欢在花盆的边沿上围着花盆转，在无形中为我做好了圆形的丝。

这一天，一大群毛虫又爬上了花盆的边沿，正好被我看到。它们爬得很缓慢，我在一边焦急地等待着它们快点画成一个圈，也就是指领头的毛虫绕过起点，在花盆沿上爬行一周。大约十五分钟后，毛虫已经首尾相顾，围成了一个封闭的圆。这个时候，我把那些还想爬上花盆的毛虫赶走，免得它们上来破坏了队形，破坏了我的计划。我把地上的毛虫与花盆上的毛虫之间的丝用刷子刷掉，这样就阻断了它们之间的道路，使地上的毛虫爬不上花盆，花盆上的毛虫可以安心地绕圈。做完这些之后，我就开始仔细地欣赏起这些毛虫的表演。

这群毛虫围成了一个圆，没有起点，也没有终点，所以你看不出谁是领袖，你可以把其中任何一只当作领袖。可怜的是，毛虫并不知道自己在干什么。

每条毛虫都在行进过程中不断吐丝，这些丝也不断地使这个丝织的圆圈越来越粗。它们就这样绕着，我真担心它们会一直转下去，直至累死。

有一个关于驴子吃草的故事大家都很熟悉，讲的是一头驴子，人们在它左右两边各放了一堆干草，驴子犹豫不决，不知道到底先吃哪一堆好，最后竟活活饿死了。现实中的驴子当然不是这样的，它们会毫不客气地把两捆干草都吃掉。这些毛虫会不会一边想冲出这个圆，一边却又不得不跟着前面的足迹继续绕圈？它们能冲出去吗？我推测它们会的，这可能需要一个钟头，或者是两个钟头，甚至更长时间。我也希望它们能够做到，我不愿意看着它们这样继续被欺骗下去。

事实没有我想的那么乐观，如果没有外界打扰，它们会一直转下去。它们忘了进食，忘了回巢吗？还是它们觉得自己正在赶着去进食、筑巢？反正它们的愚蠢令人无奈，我之前太高估它们了。

就这样，好几个钟头过去了，松毛虫们还在继续着绕圈行动。不过，它们的体力已经不如刚开始了，队伍开始走走停停。这时已经是黄昏时分，天气有些变冷，这对松毛虫的速度也是有影响的。晚上十点的时候，它们几乎已经走不动了，脚步沉重，身体摇晃。这时，树上的毛虫开始陆续爬出巢，准备进餐。而花盆上的毛虫有点可怜，一边饿着肚子，一边转着圈。它们可能以为自己也要去吃东西了，虽然很累，但是很兴奋。它们哪里知道，那些食物对它们来说就像卖火柴的小女孩眼中的火鸡，只是一个幻觉。不过它们还是有机会的，在花盆几寸远的地方，就有一棵松树，它们可以轻而易举地到上面去大吃一顿。但是它们离不开自己的丝，已经成了它的奴隶。它们无视眼前的食物，一心沿着丝前行。我已经陪伴它们大半天了，终于失去了耐性，在十点半的时候起身回屋睡觉。我本以为它们在晚上可能会清净一些，我不希望一觉醒来之后发现它们还在那里。第二天早上我又去观察的时候发现它们还在花盆上，不过它们停止了前行，而且每只毛虫都蜷着身子，这都是因为天气太冷的缘故。等太阳把大地重新温暖之后，它们便苏醒过来，又开始了一天的绕圈之旅。

到了第三天，它们已经两天没有吃东西了，还在巢外度过了两个寒冷的夜晚。当我去观察它们的时候，发现它们已经停止了转圈，还分成了两堆，紧紧地挨在一起取暖。我很高兴，它们终于不再围成一个圆了，这样就有更多的机会从花盆上下去。可是不久之后，我就收回了我的高兴。当它们开始活动之后，又不自觉地围成了一个圆，开始了一天的兜圈子。这样一个逃离花盆的绝好机会，就这样被它们浪费了。

当天晚上，天气非常冷，这群毛虫拥挤在一块取暖。可能是花盆沿太窄，也可能是它们挤得太用力，有几只毛虫被挤出了这条丝路。等第二天醒来，这几只脱离丝路束缚的毛虫跟在一位领袖后面向花盆里面爬去。我数了一下，脱离大部队的毛虫一共有七只，其余的还在兜圈子。

这群脱离大队伍的毛虫并没有在花盆中发现任何食物，显得有些沮丧，只得按原路返回，重新回归到了大部队中，探险宣告失败。真是可惜，当初它们选择探险路线的时候，如果不是选择向花盆里面走，而是向花盆外面走就好了。

到了第六天，我发现其中的几只毛虫已经失去了耐性。它们不再愿意跟着大部队盲目地走，而是想自己寻找出路。这几只勇士在花盆沿上跃跃欲试，仿佛想跳下去。终于有一只想尝试一下，它顺着花盆慢慢地滑下，但是在滑到一半的时候，它又顺着丝迹爬回到了花盆沿上，不知道是胆怯了，还是不舍得放弃上面的弟兄们。尽管如此，花盆沿上的毛虫也已经停止转圈，正全力寻找冲出去的路线。最后，它们终于在第八天突破了封锁，在一位勇敢的领袖的带领下，走下了花盆，回到巢中。

它们在花盆上整整待了八天。这些天中，除了寒冷的夜晚以外，它们都在围着花盆绕圈。在走过漫长的道路之后，最终是寒冷打乱了它们的队伍秩序，迫使它们寻找回家的路。很多人都说动物是有理解力的，但是这些我并没有从毛虫身上看到。无论怎么说，它们还是逃脱了，没有饿死、冻死在花盆上。

松毛虫第二次蜕皮是在正月里。蜕皮之后，背上的毛颜色变成了淡红色，它就不再显得那么美丽。不过，有失必有得，它也通过这次蜕皮添加了一种器官。蜕皮之后，松毛虫的背上多了八道裂缝，每一道都像嘴巴一样，可以随便张合。在这八道口子中都各长着一个小小的"瘤"，并且只有在口子张开的时候，才能看到。那么这些长在背上的口子和其中的"瘤"到底是用来做什么的呢？是像嘴巴一样用来呼吸的吗？当然不是，迄今为止，人类还没有发现有什么动物是从背上呼吸的。这些器官的作用，可能与松毛虫的生活习性有关。

松毛虫最活跃的时候是在晚上。如果是遇到恶劣天气，比如说下雨、下雪、大风、降温等天气，它们会老老实实地窝在巢中。它们的帐篷不透水，可以保证它们的安全。

最令松毛虫感到惧怕的就是坏天气，无论是一阵雨，还是一阵雪，甚至只是一场大风，都会把它们的心情弄坏。试想一下，当大家长途跋涉到另外一个地方准备进餐的时候，突然来了一场暴风雨，不但饭吃不成了，还很可能命都会丢掉！因此，做好天气预报对它们来说至关重要。那它们有什么预测天气的办法吗？下面让我来告诉你。

一天夜里，我邀请几位朋友一起观看毛虫夜游，可是一直等到九点，都没见一只毛虫出来活动。我们感到不解，就在昨天和前天晚上，我还见到过它们。它们当时非常活跃，现在怎么会一只都不见了呢？是出去玩了，还是出了什么意外？我们等到十点、十一点，最后还是没见着，我们非常失望地离开了。

等第二天早上醒来，我才发现外面正在下雨，应该是从昨晚下起的，现在窗外还有"滴答滴答"的声音。我突然想到，会不会是毛虫昨晚预感到了那场雨，所以没有出巢？我心里觉得这种猜测是正确的，不过我还需要仔细观察，收集更多关于此事的资料。

我开始关注天气预报与松毛虫的关系，我发现，只要天气预报里面说要变天，比如会有大风、降温、暴雨、大雪等，毛虫肯定是会提前就躲在巢中一动不动的。它们非常信任自己的巢，这些巢确实非常坚固，能抵挡住任何坏天气。它们预测天气的天赋让我们全家都大吃一惊，它们也成了我们家出行的天气顾问。在进城的前一天晚上，我们总要从松毛虫那里打探一点消息，以决定明天进不进城。

我推测，这种本领的来源便是第二次蜕皮后得到的几个口子和里面的"瘤"，这种器官非常敏感，只要你稍微一动，它们便会合上。它们可能会检验空气，由此推测天气。

松毛虫会在三月做最后一次旅行，它们纷纷离开自己生活的那棵松树，列队前进。我在三月下旬的一个早上，看到了一群行进中的松毛虫。这支队伍有三码长，最少有一百多个成员。它们身上的颜色比以前更淡了。队伍在行进中碰到了不少麻烦，在过一条崎岖不平的路的时候，这支队伍一分为二，变成了两支，在各自的领袖带领下各奔东西。

它们要去做的事情非常重要。在行进了两个小时之后，队伍到达了目的地——一个墙角。我觉得这可能和这里的土壤松软有关。松毛虫队伍的领袖在这些泥土上探测着，偶尔还动手挖一下。松毛虫的盲目性我们在前面已经说过了，它们此时也是百分百地跟着领袖走，只要领袖选择好了合适的地方，它们不会有任何意见。最终，领袖依照个人喜好选择好了一块地方，其余的毛虫便走出队伍，乱哄哄地聚在这片土地上，与刚才井然有序的场景截然不同。它们扭动着身躯，用脚和嘴不停地挖着泥土，最终挖出了一个洞。它们钻进洞中，这个洞会很快坍塌掉，把它们埋藏在里面。可以说，松毛虫是自己把自己埋葬了。墙角很快就平静了下来，没人知道地下藏着松毛虫，而松毛虫则在离地三寸的地下准备织茧。事实上，它们躲在地下多深要根据土壤而定，有时候它们甚至会下到地下九寸深。

两周之后，我们再把它们从地下挖出来。此时的它们已经被装进了一个丝袋里，这些又白又小的丝袋上面还带着泥土。

毛虫变成的蛾子要等到七八月份才能出来。这些蛾子看上去非常柔弱，尤其是翅膀和触须，那么，它们是怎样从地下钻出来的呢？从三月到七八月，地上的泥土早已不再松软，这些风吹日晒形成的硬土是怎样被娇弱的蛾子凿穿的呢？它们有什么特殊工具吗？很显然，它的外形很简单，并没有什么特殊工具。为了破解这个谜团，我弄了一些还没有孵出蛾子的茧，并把它们放在了实验室的试管里。蛾子在钻出茧的时候非常用力，像是冲刺的运动员。它把自己缩成一个圆柱形，翅膀紧紧贴在身上，像是围了一条围巾，触须则向后弯曲，紧紧地贴着身体。此时的蛾子全身只有脚能动，它便靠着脚冲破泥土。

光是凭脚挖洞的话，还远远不够，蛾子还有其他的工具。它的头上有几道很深的皱纹，你用手指就能摸出来。其实那不是皱纹，放到放大镜下你就会发现，原来那是一些鳞片。在这些鳞片中，就数头顶上最中间的那片最硬。这些鳞片就像是钻头，蛾子用它们开道，用脚扒土，很快就能挖出一条隧道，钻出地表。

在蛾子钻出地表之后，它先是缓缓地展开翅膀，然后伸展触须，最后让身上的毛发蓬松。尽管它在所有蛾子中不算是最漂亮的，但它的外貌已经足够让人眼前一亮。它有灰色的前翅和白色的后翅，几条棕色的曲线镶在前翅上，颈部有紧凑的鳞片，金光闪闪，腹部有淡红色的绒毛。

如果你用针去刺它的颈部，无论你的动作多么轻，都会有许多鳞片立刻飞舞起来，非常有趣。这些鳞片的用途我们在前面已经讲过了，就是用来制作那些盛放卵的小筒。

第十四章　白蝎“自杀”

突然出现的惊吓会让人反应不过来，吓得站在原地不动，或者久久回不过神来，更有甚者能被吓死。人且如此，更不用说昆虫了。突然的惊吓或者是撞击，会让昆虫陷入短暂的昏迷状态，身体在原地晃晃悠悠。昆虫对外界的刺激非常敏感，如果受到的惊吓并不是太严重的话，它们原地迷糊一会儿就能恢复过来；如果受到的惊吓非常严重，那对它们的打击将是致命的，它们会像进入了冬眠一样，长时间不醒。

昆虫是不会装死的，因为它们根本就不知道什么是死。同理，它们也不明白什么叫自杀，它们不知道在面临无法承受的负担时，面临着生不如死的痛苦时，有一种解脱的办法，那就是自杀。凭着我对昆虫多年的研究，还不知道有哪种昆虫是真正意义上的自己选择结束生命。蚊子在昆虫中算是够多愁善感的了，它经常为了一些事情折磨自己，把自己搞得非常憔悴。不过，这与那种割断自己动脉、刺穿自己心脏、跳下悬崖这种真正意义上的自杀还有很大的差距。

说到这里，我想起了关于蝎子自杀的事情。对于这个观点，人们说法不一，有人赞同，有人否定。有人说，如果你在蝎子的四周都生上火，把它围在当中让它无法出去，它就会用自己尾端的毒针刺向自己，直至把自己刺死。这个故事说的是不是真的呢？让我们亲自去看一下。

我在泥罐中养了一群大白蝎，一共有十二对。我给它们提供了优越的环境，罐底铺着沙土和碎瓦片。这种昆虫我们这里有很多。在附近的小山上，有一片沙土地质带，上面有许多乱石，几乎每一块乱石底下都能找到它们。这是一种非常丑陋的虫子，名声也特别坏。我就这样一直养着它们，期待着有一天它们能告诉我一些关于它们的秘密，但是它们对我的殷勤一直是不理不睬的。最后我决定采取点儿小手段，期待能有所收获。

它们的恶名声主要来自那根锋利的毒针，这根针到底有多厉害呢？我没经历过，所以也就无从谈起。不过，每次走进书房要和它们打交道的时候，我总是加倍小心，提防着它们。我采访了一些和它们打过交道的人，他们大多是工人，经常上山砍木柴，不可避免地要与大白蝎打交道。他们中的大多数人都吃过大白蝎的亏，因此说出的话更可信。他们中的一位告诉我说：

"我吃完饭以后，想打个盹儿，于是靠着一捆木柴睡着了。突然，一股钻心的疼痛使我猛然醒来。那种滋味真是不好受，感觉就像被烧红的钢针扎了一下。我不禁伸手去摸疼痛处，在那里摸到了一个扭曲摇摆的东西，原来是一只大白蝎。它趁我不注意钻进了我的裤子中，蜇中了我的腿肚。我将那个讨厌的家伙拿了出来，发现它足有手指那么长，难怪蜇得我这么疼。"

这个人一边描述，一边用手指比画着那个蝎子的个头。我曾经在一块石头底下也发现过那么大的蝎子，所以对他描述的尺寸一点儿也不惊讶。

他接着说道："我本来以为没什么大碍，还打算继续工作呢，我当时真是太天真了。不一会儿，我身上就冒出了冷汗，腿肿得非常粗，简直像一个水桶。"说到这里，他的双手比画出水桶的样子。

"当时可苦了我了，我一步一挪，好不容易才回到家。从那里到我的家非常近，平时我几步就回去了。可是在那天，我使出了吃奶的劲儿，足足走了大半天。第二天，那条腿肿得更高了。"他用手在自己的腿上比画着。

"整整三天，没错，整整三天我都不能动一下。最后，我在上面敷了好多碱末才将肿消下去。这次经历我永远忘不掉。"

说完自己，他又说起了另外一个被大白蝎蜇中的人。那个人是他的工友，也在山上砍柴，同样是被蜇中了小腿肚。由于他砍柴的地方比较偏僻，离家比较远，所以他没能坚持到走回家，而是倒在了半路上。幸亏几个过路人发现了他，把他抬回了家。一路上，他连动都不会动，有人提着他的胳膊，有人抱着他的大腿，就像是抬着一个死人。

这个叙述者越说越激动，再加上手脚不停地比画着，可能会让人觉得他很夸张，但是我不这样认为。被白蝎蜇一下确实是一件非常严重的事情。人且如此，更不用说是动物了，就连它们自己也是这样。蝎子若是被同类蜇一下，很快就会毙命。我对此毫不质疑，因为这是我用多次的实验得出的结论。

我找来两只强壮的白蝎，并将它们放在一起，用稻草拨弄，激怒它们。在我的挑拨之下，它们决定斗一斗。是我一直在中间挑拨，但是它们却将火发在对方身上。那对大钳子，被它们举在头上，威慑着对方；当两对钳子抵在一块的时候，尾端的毒刺突然向前伸展，一下下地试探着，在两根刺的尖端，各挂着一颗透明的小水珠，那是毒囊中分泌出的毒液。

战斗在一瞬间结束，一只白蝎将另一只刺个正着。受伤的一只在几分钟之后便会倒地毙命，而胜利者则十分平静，不动声色地上前，开始啃食失败者的尸体。可能是对方尸体太大，也可能是蝎子的嘴太小，总之这顿进食要持续四五天，中间几乎不停歇。吃掉失败者，而且还是同类，蝎子可以为自己找一个很好的理由，那就是：胜者为王，败者为寇。将死去的敌人吃掉，尽管对方是自己的同类，这种动物还是有很多的。但这种事情永远不会发生在人身上，我还没听说过在战争中一方会把另一方吃掉的。至于为什么人类不会去吃自己的同类，我也搞不清楚。

通过实验得出的结论是：蝎子的毒针非常厉害，能让同类顷刻间毙命。下面我们就来谈谈蝎子自杀的问题，也就是本文开头提到的问题。按照一些人的说法，如果在一只蝎子四周生起一圈火把它围在其中，蝎子便会失去理智，用自己的毒针蜇死自己。这是真的吗？让我们通过实验来验证一下。

我在平地上用烧红的木炭摆了一个圈，围成了一周没有出口的火墙。我从自己养的白蝎中选出一只个头最大的，将其放入火圈中。蝎子感受到了四周的热浪，它不停地倒退着，打着转，想找个出口逃出去；稍不留神，身体被火红的木炭烫了一下，于是它气急败坏地左冲右撞，身体不断地撞到火炭上。每一次的努力都被火墙阻挡了回来，它丧心病狂，更加用力地用身体去冲撞木炭。最后它有些绝望了，不知该如何是好。此时，只见它将那根毒针迅速地挥舞着，时而举起，时而放下；时而卷到背上，时而又舒展在地。你猜不出它的想法和下一步的举动。

我在想，接下来它会不会朝自己身上狠狠地刺下一剑，以结束现在的痛苦？谁知，这只蝎子突然一阵抽搐，之后便伸直了身体一动不动。它是死了吗？它的身体开始变得僵硬。可能是它刚才摆尾的速度太快，已经刺中了自己的身体，但是我没有看到。如果真是那样的话，它将必死无疑。我们已经在上一个实验中看到了，针尖的毒汁会很快将它的生命夺去。

对于它的死，我还是不确定。我用镊子将这只蝎子夹出，放到了一处清凉的沙堆上。一个小时之后，奇迹发生了。这只白蝎又复活了，活跃得就跟放进火圈前一样。同样的实验，我又用其他蝎子做了第二次、第三次，结果都是一样的。它会在困难面前疯狂地抵抗，继而转向绝望，最后变得麻木，像被雷击了一样呆呆地停在原地；等你把它夹到别处，或者将威胁去除之后，它会自然醒来，变得充满活力。

这样我们就知道，那些说蝎子自杀的人，是被蝎子暂时昏迷的假象欺骗了；他们只看到了蝎子在火中顽强地抵抗，继而变得歇斯底里、丧心病狂，最后倒地不起。他们被这些现象欺骗了，过早地断定了蝎子的死亡，并任由其被火烧焦。如果他们将蝎子转移到别的地方，或者将火扑灭的话，他们就会看到蝎子醒来，也就不会相信蝎子自杀这个说法了。

据我所知，能够决定自己生命是否终结，懂得什么叫自杀的动物，只有人类。也只有人类有勇气做出这种事情。这种人的出发点大多是要从深深的苦难中解脱出来。有人将此作为人类的崇高特性，还有人将此作为人类区别于低等动物的一个标志。但是，如果有人选择了走这条路，那他体现出的肯定不是勇敢，而是在生活面前的懦弱。

两千多年前，在遥远的东方有一位伟大的圣人，他的名字叫孔子。有一次，孔子在树林中撞到一位正要上吊自杀的男子，那个男子正在树上系绳子，孔子连忙上前说道：

"你肯定遇到了天大的不幸。不过，最不幸的是你在这些困难面前屈服了。其他的不幸都可以挽救，你的死是无法挽救的。不要觉得自己失去了一切，只要你还活着，你就能改变生活，走出苦难，得到快乐。"

中国圣人说的道理浅显易懂，但是其中蕴含的哲理值得人们深思。在西方有一位寓言家，对这种哲理，他用另外一种语气来描述：

"……尽管把我折磨得如此狼狈，

我毫不在乎缺了一条胳膊还是少了一条腿，

只要给我剩下一条命，我就不在乎任何形式的残废。"

无论是东方的圣人，还是西方的寓言大师，都在向我们传达着同一个道理：生命是严肃的，不能说抛弃就抛弃。我们不能把生命当作享乐或者受难，应该把它看作一个合约。无论遇到什么困难，我们都不能违约，直至生命结束。

主动违约的人都是懦夫、蠢货，这一点毫无疑问。你可以选择跳入悬崖，你可以选择死亡，但是你不能蔑视生命。尊重生命，这才是人类作为最高级动物应该体现出的高尚品质。

只有人类，才懂得什么叫死；只有人类，才知道谁都有末日来临的那一天；只有人类，才会对死去的同胞怀有各种感情，不仅仅是哀恸（tòng）[1]。这是人类的特长，是其他动物不能做到的。因此，当有人告诉你哪种动物懂得自杀的时候，不要轻信，更不要被一只吓晕了的昆虫所骗，以为它结束了自己的生命，其实它连什么是生、什么是死都不懂得。

---

[1] 哀恸：悲哀到了极点。

第十五章　化石书中的象虫

在阿普特[1]地区，你会发现许多奇怪的岩石。由于长时间的风化，它们已经变成了页片的形状。这些片状的岩石，看上去就像薄薄的纸板。这种岩石还可以燃烧，并且吐出火苗，冒出黑烟，就像是在燃烧真的纸板一样，还伴随着刺鼻的味道。这些岩石是从哪来的呢？它们来自远古时期巨大湖泊的湖底。当年那里生活着鳄鱼、乌龟和各种鱼，时至今日，它们之中有的早已经灭绝了。接下来发生的全球地壳运动，让一些高山变成了湖底；而一些低洼处的湖底则抬升为平原或者丘陵。大自然就是这样神奇，沧海桑田，湖底的烂泥和其中的各种沉淀物被挤压成了薄薄一层。年复一年，终于变成了岩石。这就是这些纸板岩石的来历。

我们取来这样一片岩石。它的硬度非常低，用小刀就可以将它一层层地剥离，简直就像在翻一本书。只不过，这不是普通的书，是一本远古时期湖底情况的备忘录。

这本书的历史比古埃及的莎草纸[2]还要悠久，比任何一本书都要精美，尤其是里面的插图。最让人感到激动的是，这些插图同时还是标

---

[1] 阿普特：法国普罗旺斯的一个小镇。
[2] 莎草纸：古埃及人广泛采用的书写载体，用纸莎草的茎制成。

本，是千百年前活生生的动物。

先来看第一页，上面有几条聚在一起的鱼，它们是那样的悠闲。这些鱼保存得十分完整，无论是鱼头、鱼尾、鱼骨，还是鱼鳍，甚至连眼球都能看出来，全身只是少了鱼肉而已。一切给人的感觉，就像是这条鱼被油炸过，全身的肉都萎缩了，眼球也萎缩在眼眶中，变成一个黑点。

千万年前的鱼，现在看来还是那么漂亮，那么生动，仿佛你用指尖轻轻接触一下它就会游走一样，真是让人不可思议。如果这真是一盘炸鱼的话，我想味道肯定不会太差，尽管它们已经在罐头中保存了几千年、几万年。

这本书中的插图虽然精美逼真，但是旁边没有任何只言片语的注释。这就需要我们开启自己的想象，再加上掌握的生物和地理知识，来给这些插图做注释。试着想象一下：当初这群鱼自由自在地生活在湖中，后来地壳运动，湖水上涨，大量的泥沙被冲入湖中。清澈的湖水变得浑浊不堪，几乎成了泥汤。湖中的生物纷纷窒息而死，沉淀在湖底。泥沙不断地沉淀，那些死去的鱼被埋在了泥沙中，就像被冻在了冰块中一样。就这样，它们被无限期地保存了下来，同时也躲过了外界的风风雨雨，沧海桑田。

被尘封在地下的并不是只有水中的动物，还有那些被雨水从附近高地冲下来的植物和动物的残骸。因此，我们在这本书中不仅能发现当时水中的世界，还能得到一些陆地方面的信息。这简直就是一本那个时代的动、植物大合集。

让我们继续欣赏这本精美的画册。现在我们知道，这是一本历史画册、自然画册，也是地理画册。在其中的一页上我发现了植物种子和树叶，清晰度不亚于专业照片。

从这本动、植物集中我们了解到，现在的普罗旺斯地区同以前已经大不一样，动物和植物的物种在不断地更新。这里已经不再有棕榈（lú）

科植物，也不再有月桂和南洋杉，以及其他许多本该生长在炎热地区的植物。无论是月桂散发出的樟脑味儿，还是南洋杉那如羽毛一样的叶子，都已经成为过去，被尘封在这本书中。

继续往下翻。有一页上面堆积了大量的双翅目昆虫，这令我非常惊讶。这种个头很小的昆虫非常脆弱，轻轻地接触就会让它们粉身碎骨，但它们居然在混乱的泥沙和岩石中保存了下来，并且完好无损。这不得不说是一个奇迹。

其中一只昆虫，它那铺在石板上的小爪子显得十分自然，这说明当时它毫无警惕，可能正在休憩，没有预料到灾难即将来临。小虫保存完好，简直可以说是一具标本，翅膀上的网状脉络，纤细的触角，甚至连爪子末端的小钩都完好无损。这也比真正的标本观察起来更方便，无须固定，也不用担心磨损，可以端在手中尽情观察。

这种小虫应该是先死去又到了水中的。我推断它是在河边死去的，后来河水上涨，便把它卷入了水中，葬身于淤泥之中。就在这些双翅昆虫的旁边，还有一种虫子，它们的数量仅次于双翅昆虫。这种昆虫身材短粗，鞘翅坚硬，脑袋呈喇叭状，一头窄一头宽，还长着一根吻管。它们是长鼻鞘翅昆虫，因为那长长的嘴巴，也被称为象虫。它们的同类至今还生活在这个地球上，形体并没有多大的改变。

它们的仪态没有刚才那些虫子端庄：脚爪随处乱放，吸管有的露在外面，有的藏在胸前，露在外面的也是有的刺向前方，有的探向后方。总之是五花八门，什么样的都有。从凌乱的外形，慌张的神情，还有残缺的肢体上来看，象虫死的时候经过了一番挣扎。有的象虫，终生都生活在沿海植物上面，但是我们眼前的这些象虫不是，它们主要生活在河流附近。在被洪水冲入河中的过程中，它们不断地与树枝、泥沙等杂物撞击、摩擦、挤压，最后沉落在水底的淤泥上。身体外面的盔甲虽然保证了它们的身体基本完整，但是肢体、触角已经扭曲变形。它们的一生最后被定格在这副凄惨的模样上。

关于昆虫，阿普特地区的岩石书中提及的不是太多，比如说步甲虫、食粪虫、天牛虫等鞘翅目昆虫都没有被提及。这些昆虫到现在还生活在我们身边，为什么岩石书中没有留下它们的足迹？是不是当初洪水没有把它们冲入河中或者湖中，而是冲到了其他地方？没有留下一份老祖宗的档案，实在让人感到惋惜。

水龟虫、豉（chǐ）甲还有龙虱，它们都是生活在水中的昆虫，为什么它们的尸体我们一次也没有发现呢？按理说这种昆虫死后也会沉入湖底，被淤泥包裹，会保存得比鱼类还要完整。可是我们没有发现它们，这只有一个可能，那就是当时它们还不存在。

可以说，当时生活在这片水域中的动物死后都沉在了湖底的淤泥上，并最终被保存了下来。这其中不仅有鱼类，还有昆虫等其他动物。而那些没有被发现的昆虫们，它们肯定生活在岸上，可能是荆棘丛中，也可能是树干中，甚至地下。它们到底在哪呢？为什么连一具遗体都没能保存下来呢？无论是喜欢钻木头的天牛，滚粪球的金龟子，还是残忍吃掉情侣的金步甲。有一个问题我们不能忽略，那就是这些昆虫纲都处在进化的过程中，现在我们看到的它们，当初根本就不存在，或者根本就不是这副模样。我查到了一些资料，也做了一些观察，如果没错的话，象虫应该是今天所有鞘翅目昆虫的祖先。

最开始的时候，一种生物诞生时总是与周围的环境相融合的，只是后来变了样。这些最初的生命，今天看来大多像怪物。比如说蜥蜴，它是大型爬行动物进化后的一个分支，起初它们的体长能达到十五到二十米，是绝对的巨兽。它们身上铺满了鳞片，鼻子和眼睛中间或者上方还长着尖角，脖子四周长满了带刺的鼓包，像是戴了一顶大帽子。

进化是无法阻止的，即使大自然又赐给了它们翅膀，它们还是衰退了下去。我们今天看到的鸟类，还有篱笆上的蜥蜴，便是它们最终的模样。

鸟类的祖先，在今天看来也很奇怪。它们的嘴中长满了爬行动物才有的利齿，身后还拖着一条长长的尾巴。再看看今天的麻雀和鸽子，完全变得温顺了，看上去也不再吓人。

这些原始动物的体型非常庞大，但是脑子太小，因此智力低下。幸好在当时智力几乎是没用的东西，最重要的是你能敏捷地抓住猎物，有尖锐锋利的牙齿，还要有一副能消化一切敌人的好肠胃。对于它们来说，智力真正起关键作用的时候还没有到来。

象虫的样子符合我们刚才所说的好多动物的祖先在远古时期长相奇特，甚至还有点儿吓人。看看象虫那个稀奇古怪的头吧，尤其是上面那根吻管。这些吻管有的是圆形，有的是四棱形，又长又细。它到底有多长呢？与象虫的身体差不多一样长，这样的比例，就是大象的长鼻子也不能比。

这根长长的细管，该被称为什么好呢？喙（huì）[1]还是嘴，还是鼻子？这种特殊的器官，到底是从谁那里继承来的？谁也不是，这是它们自己发明的。这种长嘴，除了它们所属的那一科昆虫以外，其他昆虫一概没有。

象虫虽然是如此奇特，但是知道它们的人很少，不过我依然很尊敬它们。从那一片片的页岩中我们可以得知，象虫是鞘翅昆虫的先驱和领袖。它们向我们传达着一种信息，那就是鞘翅类的昆虫在亿万年前是什么样子，就像我们了解到今天的鸟和蜥蜴在亿万年前是什么样子一样。只不过鸟和蜥蜴的祖先所处的都是一个大环境，而象虫则处在一个小环境中，但本质是一样的。

象虫类昆虫非常有活力，在每个时期都家族兴旺。一直到今天，它

---

[1] 喙：鸟兽的嘴。

们的外貌都不曾改变多少，我们今天看到的象虫，也就是亿万年前的那种象虫。页岩中的那些标本，就很好地证明了这一点。在属于它们的画页中，我可以很肯定地做出注释。

它们的形态能够持之以恒，我认为是因为它们身上一直保持着一种特性，那就是永远有活力。仔细研究今天的象虫，也就是在研究它们的祖先，研究那个时代的这片区域。当时的普罗旺斯有一片辽阔的湖泊，岸边长满了棕榈树，湖中则游弋着成群的鳄鱼。那段历史已经过去，但是被记录在了页岩书中。

第十六章　池塘中的世界

　　当我面对着池塘，凝视着它的时候，从不感到厌倦，因为这是一个小小的世界，数不清的小生命在里面繁衍生息。一堆堆黑色的小蝌蚪在池塘边聚集，它们无忧无虑地在暖和的池水中追逐、嬉戏；有一种蝾螈肚皮是红色的，它缓缓地在水中游动，它那宽宽的尾巴看上去就像舵（duò）[1]一样左右摇摆；在那边的芦苇草丛中，我们可以发现许多用枯枝做成的小鞘，里面隐藏着石蚕的幼虫，它们躲在这种小鞘中可以防御各种天敌和其他意想不到的灾难。

　　水甲虫在池塘深处活泼地跳跃着，在它的前翅尖端的地方有一个气泡，是用来帮助它呼吸的。在阳光下，它胸下的那片胸翼闪闪发光，就像是大将军胸前闪着银光的胸甲，这让它看上去威武十足。我们可以在水面上看见一堆闪着亮光的"蜘蛛"，它们打着转、扭动着，看上去是那么欢快，不对，不对，原来那不是"蜘蛛"，是一群鼓虫在开舞会！有一队池鳐（yáo）正从不远处向这边游来，看它们那迅速、有力的旁击式泳姿，让人不禁想到裁缝手中的剪刀。

---

　　[1] 舵：船、飞机等控制方向的装置。

你还会在这个地方见到水蝎。它们两肢交叉，在水面上做出一副仰泳的姿势，看上去是那么的悠闲。那神态，就跟世界上游泳数它游得最好一样。还有那蜻蜓的幼虫，外套上沾满了泥巴。它靠着身体后部的一个漏斗活动，当它快速地把漏斗中的水挤出来的时候，被挤出来的水就会形成一股反作用力，它的身体便会凭借这股反作用力冲向前方。

再让我们看看池塘底下，那里躺着许多贝壳动物，它们沉静而又稳重。有时候，田螺们会偷偷地沿着池底爬到岸边，小小的它们行动起来是那样的轻、那样的缓慢。在岸边，这些田螺慢慢地张开盖子。透过这些沉重的盖子，它们眨着双眼展望着眼前的一切。这个美丽的水中乐园让它们感到好奇，同时，它们还可以尽情地呼吸陆地上的空气。水蛭（zhì）[1]们伏在它们的猎物上，身躯在不停地扭动，一副得意扬扬的样子。数不清的孑（jié）孓（jué）[2]在水中有节奏地扭曲，再过不久，它们便会变成人人喊打的蚊子。

在阳光的孕育下，这个直径不过几尺的池塘形成了一个自己的世界，丰富多彩，而又神秘辽阔。它是多么让一个孩子感到好奇啊！我想在这里说一说我人生中的第一个池塘，它是如何引发我的好奇心，并深深地吸引了我。

在我小的时候，家里很穷，妈妈继承来的一所房子和一块小小的园子是我们仅有的财产。当时，挂在父母嘴边最多的一句话就是"这日子该怎么过呢"。看来，在当时这真的是一个很严重的问题。

有一个"大拇指"的故事不知道你听过没有，说的是"大拇指"常常藏在父亲的凳子底下，有时会听到父母对于生活窘迫的抱怨。现在想想，我就很像那个"大拇指"。不同的是，我没有像他那样藏在凳子底

---

[1] 水蛭：俗称蚂蟥，生活在稻田、沟渠等浅水处，以吸食人畜血液为生。

[2] 孑孓：蚊子的幼虫，生活在水中，以细菌和单细胞藻类为食。

下，我是趴在桌子上一边装睡，一边偷听父母谈话。我听到他们的话之后，心里感到一阵阵快乐和温暖，因为我没有听到父母说那种让人心寒的抱怨，而是一个美好的计划。

"如果我们养一群小鸭的话，"妈妈说，"将来肯定能换不少钱。可以让亨利去照顾它们，他一定能把它们养得肥肥的。"

"这真是个好主意，"父亲高兴地说道，"那就让我们试试吧！"

那天晚上，我做了一个美妙的梦。在梦中，我和一群小鸭子一起漫步到池塘。它们都穿着鲜黄色的衣服，毛茸茸的，是那样的可爱。我在池塘边看着它们在水中活泼地打闹、嬉戏，等它们都玩痛快了之后，我便带着它们回家。它们在回家的路上慢慢悠悠地摇晃着身子，如果我发现哪只小鸭累了，就把它捧到我的篮子里来，让它在里面美美地睡上一觉。

没想到两个月以后美梦成真：我们家养了二十四只毛茸茸的小鸭子。鸭子不会孵蛋，所以常常由母鸡来代劳。老母鸡也够可怜，分不出哪些是自己的骨肉，哪些是"野孩子"。只要是圆溜溜、样子和鸡蛋差不多的蛋，它都会去孵。无论孵出来的是小鸡还是小鸭，它都会把它们当成自己的亲骨肉来对待。两只黑母鸡担当起了孵化我们家小鸭的重任，这其中的一只是我们自己家的，另外一只是从邻居家借来的。

等小鸭孵出来之后，我们就把向邻居借的那只黑母鸡还了回去。我们家的那只黑母鸡，每天都不厌其烦地陪小鸭们玩，陪它们做游戏，看着它们健康快乐地成长。我找来一只木桶，大约有两寸高，把里面加满水之后，这只木桶就成了小鸭们的游泳池。在晴朗的日子里，小鸭们一边晒着太阳，一边在木桶中洗澡、戏水，别提多惬意了。这一切，都让旁边的那只黑母鸡羡慕不已。

仅仅过了两个星期，这只木桶就已经不能满足小鸭们的需求了。如果它们想自由自在地洗澡、追逐、嬉戏的话，就需要更多的水。除此之外，它们还需要捕捉小虾、小螃蟹和各种小虫子来填饱肚子，而这些东西大都藏在水草之中。因为我们家住在山上，所以取水成了一件十分困难的事情。尤其是在夏天，我们自己痛痛快快地喝水都不能保证，更不用说给这些小鸭了。

我们家附近有一口井，可那是一口半枯的井，四五家邻居每天都在轮流使用。更可恨的是，我们学校校长的那头驴也来凑热闹。它每天都大口大口地喝着井里的水，我真怕它把井里的水给喝完了。这口井经过一晚上的休息，水位才会慢慢升上来，恢复到原先的样子。可以想象，在这种情况下，自然就没有那些可怜的小鸭子嬉水的份儿了。

山脚下倒是有一条潺（chán）潺的小溪，不过要想到达那里就必须穿过村里的一条小路。可是，我不能带着小鸭去走那条路，因为在那条路上很有可能碰到狗和猫。小鸭们肯定会被这些凶恶的狗和猫吓坏的，到时候它们会被赶得到处都是，我没办法把它们聚拢在一起，也就无法保护它们，那就坏了。看来，山下的小溪是去不成了，我只得另谋出路。突然，我想起了一块很大的草地和一个不算小的池塘。它们就在离山不远的地方，那个地方很偏僻、很荒凉 —— 这样就能逃避狗和猫的打扰了，小鸭们就可以痛快地嬉水、玩耍了。

我赶着小鸭出了门，心里既快活又自在，因为这是我第一次当牧童。我赤裸的双脚渐渐磨起了泡，因为走了太多的路，而我又不舍得去穿箱子里的那双鞋。对我来说，那双鞋实在是太珍贵了，只有过节的时候才能拿出来穿一次。不停地赤着脚在崎岖的山路上走，那些乱石和杂草让我脚上的伤口越来越大，使我觉得非常难受。

不仅是我，小鸭子的脚也受不了了。因为它们的蹼（pǔ）[1] 还没有完全长成，还不够坚硬。它们走在崎岖的山路上，会不时地发出"嘎

---

[1] 蹼：某些动物脚趾间的皮膜，用于划水。

嘎——"的叫声，我认为那是在请求我让它们休息一会儿。每当这时，我便把它们聚拢在树荫下休息，不然的话，很难想象它会坚持把剩下的路走完。

最后，我们终于到达了目的地。那里有浅浅的、温温的水，水中还有一座小小的岛，其实那只不过是露出水面的土丘而已。一到那儿小鸭们就开始找东西吃——在岸边不停地翻找着食物。等到吃饱之后，它们就下到水中洗澡。有时候，它们会像跳水中芭蕾一样，把自己的身体倒竖起来。它们把前身埋进水中，只留下尾巴露在外面指向天空，这些优美的动作我看得津津有味。等到觉得累了，就看看水中的另一番景象。

那是什么？我在泥土中发现了几段又粗又松的绳子。它们互相缠绕着，好像熏满了烟灰一样，黑沉沉的，给人的感觉就像是从一只袜子上拆下的几根绒线。这会不会是哪位牧羊女在河边织袜子的时候，发现自己漏了几针，只得拆掉重新织，结果在拆线的时候有点不耐烦，索性把织错的一小段绒线丢进了水里呢？我觉得自己的推测还挺合情合理的。

于是，我走了过去，想把它拿在手里看个仔细。没想到这东西又黏又滑，一下子从我的手缝里溜走了，我花费了好大的力气还是没有成功。这时，有几段绳子的结突然散了，从里面跑出一堆小珠子，四散逃去。我仔细看了一下这些小珠子，它们只有针尖般大小，还拖着一条扁平的尾巴。我一下子认了出来，这不是青蛙的幼虫——蝌蚪吗？

此外，我还在这里看到了许多别的生物。有一种生物不停地在水面上打转，它们的背部是黑色的，在阳光的照耀下能发出亮光。它们特别敏感，似乎能预料到危险的来临，在你去碰它们之前便会逃之夭夭。可惜捉不到它们，要不然，我准会捉几只回去放在碗里仔细研究一下。

看那边！在池水深处有一团水草，绿绿的、浓浓的。当我轻轻地拨开其中一束水草的时候，许多水珠立刻蹿了出来。它们争先恐后地向水面浮去，并在水面上聚成一个大大的水泡。我想，一定有稀奇古怪的生物藏在这厚厚的水草底下。我忍不住好奇地继续向下探索，发现了许多扁平的、周围有几个涡圈的贝壳；一种看上去像是戴了羽毛的小虫；还有一种舞动着柔软的鳍片的小生物，它那样子就像是穿着华丽的裙子在跳舞。我不知道它们叫什么名字，也不知道它们为什么这样不停地游来游去，我能做的，就是对着这个神秘的池塘浮想联翩。

附近的田地里长着几棵赤杨，池塘里的水通过窄窄的渠道缓缓地流到那里。在那里，我又有了新的收获，是一只像核桃那样大的甲虫。它的身上带有一些蓝色，这种蓝色实在是太美了，我甚至觉得天使的衣服也应该是这种颜色。我怀着虔诚的心，轻轻地把这只甲虫捉起，放进了一个空蜗牛壳中，并用叶子把它塞好。我要把它带回家再慢慢地欣赏。

接着，又有东西吸引了我的注意力。泉水从岩石上源源不断地流下来，这些清澈、凉爽的泉水不停地滋润着这个池塘。我发现泉水先是流进一个小潭里，然后再汇成一条小溪。我觉得溪水就这样流走实在是太可惜了。我突发奇想，把这条小溪想象成了一个瀑布，它可以用来推动水磨。于是我用稻草做轴，两个小石块支撑着，不一会儿就做成了一个小磨。这个小磨做得真是太成功了，只可惜当时没有别的小伙伴来分享我的喜悦。这个杰作也就只能给几只小鸭子欣赏了。

我的创造欲望被这次小小的成功大大激发了，一发不可收拾。我又打算筑一座小水坝——可以用那边的那些乱石当材料。适合用来筑坝的石头被我耐心地挑选出来，就在挑选石头的过程中，我发现了一个奇迹，它让我把建造水坝的事情抛在了脑后。

到底是什么样的奇迹呢？一块大石头被我砸开之后，我在里面发现了一个窟窿。这个窟窿有小拳头般大小，一簇簇光环在里面若隐若现，像是阳光照到钻石上面发出的耀眼的光，又像是教堂里彩灯上垂下的珠子，晶莹剔透、灿烂美丽。

我不禁想起了一个关于神龙的传说，孩子们躺在打禾场的干草上的时候经常会讲起这个故事。传说有一条神龙，它守护着一座地下宝库，这座宝库里面有数不清的奇珍异宝。那么，我现在面对的这些闪光的东西会不会就是传说中的那个宝库中的宝物？那些皇冠、金银首饰就藏在我眼前的这些石头中吗？我在这些石块中找到了许多发光的碎石，我相信这些都是珍宝，是神龙赐给我的。我甚至感觉到神龙在召唤我，他要把那些数不清的金银珠宝全部给我。泉水潺潺，水中有许多金色颗粒，我几乎把脸贴在了水面上去观察它们。这些金色颗粒都粘在一片细沙上，在泉水的冲击下打着转。这是金子吗？是那种可以制造出二十法郎[1]金币的金子吗？要知道，金币对于一个贫穷的家庭来说是多么宝贵啊！

我小心翼翼地捡起一些细沙，放在手掌中仔细观察。细沙中金粒的数量很多，但是它们太小了，我得用唾沫浸湿麦秆，才能将它们一颗颗地粘出来。这项工作太麻烦了，我不得不放弃。我想深山中一定蕴藏着一大块一大块的那种金子，等我以后来把这座山炸了就能找到它们。我才不去捡这些小金粒呢，它们太微不足道了。

我继续打碎石头，想看看还能找到什么。珠宝没有发现，倒是一条小虫从石块碎片中爬了出来。它螺旋形的身体上带着一节节的疤痕，那些疤痕让它看上去格外沧桑和强壮。它缓缓地移动着，就像一只蜗牛从墙缝中爬出。我不知道它是怎么钻到石头中去的，也不知道它要进去干吗。

我在口袋里塞满了石头，一是为了纪念我发现的"宝藏"，二是好奇心的驱使。天快黑了，小鸭们也吃饱了，我们得回家了。我早已忘记了脚跟的疼痛，现在脑子里全是幻想。

一路上，我满脑子想的都是蓝衣甲虫、像蜗牛一样的甲虫，还有神龙赐给我的那些"宝藏"。直到走进家门，我才停止幻想。父母看见我

---

[1] 法郎：2002 年以前法国的法定货币单位。

带回了一堆没用的石头，还差点把衣服都撑破，显得很不高兴，他们的反应让我觉得失望。

"我让你看好鸭子，你却只顾自己玩，是不是觉得我们这里的石头还不够多呀？捡那么多没用的破石头回来干吗？还不赶紧给我扔出去！"父亲显得十分生气。

我没有别的选择，只得把它们扔到门外的一堆石头里，连同我的那些珍宝、金粒、羊角化石，还有天蓝色的甲虫。母亲在旁边无奈地叹了一口气。

"孩子，我真的很为难。你带回些青菜来我是不会责备的，因为那样至少还可以给兔子吃。可是这些破石头，还有这些毒虫，除了会把你的衣服撑破，把你的手刺伤以外，真的不知道还有什么别的用处。傻孩子！你准是被什么东西迷住了！"

母亲说得没错，我确实是被一种东西迷住了，那就是大自然的魔力。其实，池塘边的那些"钻石"只是一些岩石的晶体，而那些"金粒"，也不是神龙赐给我的珍宝，不过是一些云母而已——几年后，我知道了这些真相。尽管如此，对我来说，那个池塘始终保持着神秘感和诱惑力。在我眼中，这种魅力是钻石和黄金比不了的。

在几十年后的今天，我依然对野外的池塘感兴趣，对那些水中的世界感兴趣。同时，我也拥有了一处自己的室内池塘。在这样的小池塘中，你可以随时观察水中的生物，它们生活的每一个片段都尽收眼底。尽管它的面积没有户外的池塘大，物种也没有户外池塘那样丰富，但是，这恰好为你仔细地观察一种动物提供了有利条件。还有就是，不会有人来打扰你，你可以尽情地、专注地去观察。这看上去有点像天方夜谭，其实实现它很容易。

铁匠和木匠合作完成了我的室内池塘：先用铁条做好池架，用木头做好基座，把池架安装在基座上面。池上面用一块可以活动的木板盖住，还要用铁做一个带排水孔的池底。最后用玻璃把四周镶起来。这样，一个相当不错的室内池塘就做好了。它能盛十到十二加仑的水。我把它安放在了我的窗口。

我先把一些很滑腻的硬块放入池水中。这种东西分量很重，看上去像珊瑚礁一样，表面上有许多小孔。硬块上面盖着许多苔藓，绿绿的像绒毛一样。这些苔藓可以使池中的水保持清洁，这是为什么呢？

就像我们在空气中一样，动物在水里也需要吸入新鲜的空气，同时排放出废气，也就是二氧化碳。人是不适宜呼吸这些废气的。植物与人不一样，它们能够吸入二氧化碳。这样一来，池中的水草就会吸收动物释放出的二氧化碳，并且释放出可以供水中的动物呼吸的氧气。

这个过程，你在充满阳光的池边站一会儿就会看到。在有水草的珊瑚礁上，有一些小小的气泡，它们既像闪烁的星光，又像撒在草坪上的珍珠。这些气泡不断地消逝，又不断地出现。有时，这些气泡会一串串地冒出，等升到了水面上便会迅速分散开。

水草把水中的二氧化碳分解，得到了碳元素。碳又可以用来制造淀粉，淀粉是生物细胞中不可缺少的一部分。水草吐出新鲜的氧气，对于它来说，这不过是些废气罢了。这些氧气一部分溶解到水中，供水中的生物呼吸；另一部分就是我们上面提到的那些"珍珠"，它们化作气泡，升到水面上，进入空气中。

看着池中的这些气泡，我做了一番遐想：很久很久以前，陆地刚刚从海洋中脱离出来。那时的第一棵植物就是草，它吐出了第一口氧气。继而，各种各样的动物相继出现在地球上，并且经过了一代代的繁衍、进化，直到变成今天这个模样。我的玻璃池塘似乎在向我讲述着一个故事，一个关于行星在没有氧气的空间里航行的故事。

第十七章　石　蚕

　　我把一些小小的水生动物放进了我的玻璃池塘，它们叫石蚕。更准确地说，它们是石蚕蛾的幼虫，平时都很巧妙地隐藏在枯枝做成的小鞘内。

　　泥潭、沼泽中的芦苇丛是石蚕生活的地方。它们经常依附在芦苇的断枝上，随波逐流。这时候，小鞘就是它们的房子，一种可以活动，可以随身携带的房子。

　　这种小鞘既是简易的房子，也是精致的编制艺术品。它的原材料是一些被水浸透、脱落下来的植物的根和皮。石蚕在筑巢的时候，先把这些根和皮用牙齿撕成粗细合适的纤维，然后再用这些纤维编成小鞘。小鞘恰好能让石蚕把身体藏在里面。此外，石蚕偶尔也会把极小的贝壳拼凑成一个小鞘，看上去像百衲（nà）衣[1]一样；有时候，它还会用米粒为自己堆积一个象牙塔似的窝。对它来说，就也算是豪宅了。

　　除了充当寓所以外，石蚕的小鞘还是它的防御工具。玻璃池塘中发生了一场有趣的战争，我在一旁目睹了这个其貌不扬的小鞘的作用。

---

　　[1] 百衲衣：用许多小块布片拼接缝制成的衣服。

有一打水甲虫一直潜伏在玻璃池塘的水中，我对它们的游姿十分感兴趣。这天，我无意中向玻璃池塘内撒了两把石蚕。潜藏在石块旁的水甲虫正好看见了这一幕，它们立刻游出水面，迅速地将石蚕的小鞘抓住。这时，隐藏在小鞘中的石蚕觉得外面的敌人太强大，硬拼肯定不行，于是就使出了金蝉脱壳的妙计，悄悄地溜出小鞘，消失得无影无踪。那些野蛮的水甲虫浑然没有发觉，还在那里凶狠地撕咬着小鞘。等它们确信这顿美味大餐早已经逃之夭夭之后，才露出一副懊恼沮丧的样子，无可奈何又恋恋不舍地把空鞘丢下，去别的地方觅食。

那些可怜的水甲虫永远不会知道，石蚕早已藏到了石头下面。它们在石头底下重新建造着自己的鞘，以便应付水甲虫的下一次袭击。

石蚕能在水中随意地遨游，靠的也是它们的小鞘。它们就像是一个潜水艇编队，一会儿上升，一会儿下降，有时还停在水中央。它们甚至还能随意控制航行的方向，这让我不禁想到了木筏。这些小鞘的结构是不是同木筏有相似之处？它们不会沉入水底是不是因为有类似于浮囊作用的装备呢？我决定找到这些问题的答案。

首先，我将石蚕和小鞘分开，然后把它们分别放入水中，结果石蚕和小鞘都沉入了水底，这让我感到很疑惑。

最后我终于明白了，原来石蚕在水底休息的时候，它的整个身子都塞在小鞘里；而当它想要浮到水面的时候，它就会爬到芦梗上，使劲地将身体的前半部分伸到小鞘外面。这样，小鞘的后半部分就会省出一个空间，石蚕靠着这个空间产生的浮力可以顺利地升到水面上。石蚕和小鞘就像是活塞和针筒一样，向外拉就会省出空间，形成空气柱。有了空气柱就有了浮力，这个道理和轮船上的救生圈是一样的。有了鞘，石蚕既可以在水底遨游，也可以到水面去享受阳光。

不过，从那些笨拙的转身和拐弯动作来看，石蚕并不擅长游泳。这是因为，它除了把伸在鞘外的那截身体当舵桨以外，再也没有别的辅助工具了。如果石蚕在水面享受够了阳光，它就收回身体，排除空气，缓缓地沉入水底。

同我们人类一样，石蚕也有自己的潜水艇，尽管它是那样的小。当它们慢慢排出鞘内的空气的时候，潜水艇就会自由升落，或者停在水中央。虽然它们不懂得复杂、深奥的物理学，可是它们完全靠自己的本能就把这小小的鞘造得如此精巧、完美，让人不禁感叹大自然的神奇。

第十八章　孔雀蛾

有一种长得非常漂亮的蛾叫孔雀蛾，欧洲的孔雀蛾是其中个头最大的一种。它们的衣服非常绚丽，红棕色的绒毛披满全身；一个白色的领结优雅地系在脖子上；许多灰色和褐色的小点洒在翅膀上；翅膀还镶着白色的边。同时，它们的眼睛又黑又大，眼帘由黑色、白色、栗色和紫色等色彩镶嵌而成。变成这种蛾的毛虫也非常漂亮，黄色的躯体上镶嵌着蓝色的珠子。

五月初的一个早晨，在我的实验室中，我看到一只孔雀蛾从自己的茧中钻出。我出于习惯，立刻用一只金属丝的罩子把它罩了起来。把收集到的昆虫放入罩子中仔细观察，这已经成了我最大的乐趣之一。

事实证明，我的这种方法是很有效的，它能带给你一些意外的收获。当时是晚上九点钟，大家都准备就寝了，隔壁房间突然传来了一阵声响。

小保罗一边跑，一边喊我，显得非常兴奋。

"快来看呀，"他喊着，"那个屋子里到处都是蛾子，和鸟一样大的蛾子。"

我赶紧跑到隔壁房间一看，果不其然，难怪小保罗这么兴奋。房间里到处是扑着翅膀的飞蛾，个头确实不小，除了天花板下面乱飞的那些以外，桌子上的笼子里还关着四只。

此情此景，让我记起了早上破茧而出，而又被我罩在铁丝网下的孔雀蛾。

我和保罗一起来到了楼下的书房，厨房的仆人正在用围裙去打这些大蛾。最初她以为是蝙蝠，等看清是蛾子之后，便开始扑打它们，显然，她被吓到了。再后来，这种飞蛾侵占了我们家所有的房间，惊动了每一位成员。

我们点着蜡烛进入了书房，书房的一扇窗户打开着，桌上放着早上的那个铁丝罩。我看到许多大蛾子围着铁丝罩飞来飞去，一会儿飞上天花板，一会儿又俯冲袭向铁丝罩；一会儿飞到窗外，一会儿又飞进来。我对这一幕感到很好奇。等它们发现我和保罗的时候，便加足马力向这边飞来。它们扑灭了蜡烛，有的落到我们衣服上，有的撞到我们脸上。我紧紧地握住小保罗的手，让他保持镇静，不要怕。

我们数了一下，这个屋里的蛾子有二十多只，再加上其他屋里的，至少有四十多只。它们为什么要在我的屋里聚集呢？我屋子里的什么宝藏把它们吸引过来了呢？就是那天早上一出生便被我扣在铁丝罩下面的那只孔雀蛾，准确地说是孔雀蛾公主。

在接下来的那一周里，每天晚上这四十多位痴情的王子便会来找那位公主约会。它们到这里来可谓历尽艰险。当时正值雨季，加上我的屋子被一棵大树挡住了，在伸手不见五指的黑夜里，它们能找到这里实在是不简单。这样的天气，即使是猫头鹰都老老实实地躲在巢中，可对于孔雀蛾来说简直不算是什么。它们飞过大地，穿过树林，来到我的房间的时候，身上一处伤口也没有。它们的勇敢和执着令黑夜如同白昼一般。

它们之所以如此勇敢，是因为我这里有一位它们梦寐以求的公主。寻找配偶是孔雀蛾一生唯一的主题。为了这个主题，大自然赐予它们一种天赋，那就是不管路途多遥远，路上多艰辛，夜晚多黑暗，它们总能找到自己的公主。它们会拿出一生中仅有的几个晚上去寻找配偶，每天晚上找几个小时。如果这几天过去了，配偶还没有找到的话，它们的一生也就结束了。

当其他的蛾子在花园中觅食的时候，它们从来不参与。它们不懂得什么叫吃，也不会吃东西。如此看来，它们的生命之所以这么短就很好理解了。

第十九章　黑腹狼蛛

　　蜘蛛的名声很坏，这可能与它的模样有关。它有一副狰狞的面孔，让人看到之后便忍不住一脚将它踩死。但是在生物学家眼中，它既勤奋又勇敢，还有纺织的天赋，是昆虫中非常优秀的一员。即使不是生物学家，蜘蛛也是值得关注的一种动物，就像小狗、小猫、小鸡一样。有人会说狗、猫、鸡都是干净的，而蜘蛛身上有毒。没错，蜘蛛的那两颗毒牙是它臭名昭著的罪魁祸首。可是，它的毒牙仅仅能对付小虫子，对人的作用微乎其微。对人类来说，世界上最可怕的动物莫过于蚊子了。蜘蛛的那两颗毒牙比起蚊子那尖尖的嘴巴来，简直差远了。好多人对蚊子并不怎么盯防，见了也不会大惊小怪，而对蜘蛛却严阵以待，这是一种误会。

　　只有少数的蜘蛛能够伤害到人类，狼蛛便是其中一种。据意大利人流传的说法，如果一个人被狼蛛刺到，会浑身痉（jìng）挛（luán）[1]，看上去像是在跳舞。治疗的方法很奇特，那就是放音乐，而且不是任何音乐都有疗效，只有几首特定的曲子才管用。听起来有点可笑，但或

---

　　[1] 痉挛：指肌肉紧张，不自主地收缩。

许里面真的有一定的道理。狼蛛之所以让人浑身痉挛，是因为它刺中了人的神经，伴随着音乐，剧烈跳舞，可能会让中毒者浑身出汗，从而将毒针、毒素都排出体外。

我居住的一带也有一些狼蛛，它们被称为黑腹狼蛛。为了了解这种狼蛛，我在家里养了几只以便观察。下面就是我对它们生活习性和捕食行为的观察。

之所以叫黑腹狼蛛，是因为它的腹部长着黑色的绒毛，这些绒毛里还有褐色条纹。一圈圈灰白相间的条纹长在它们的腿上。那种有百里香生长的干燥沙地是它们最喜欢居住的地方。我的院子里正好有一块荒地，条件很符合，有二十多个蜘蛛洞穴分布在其中。每次经过这片荒地，我都忍不住往它们的洞穴里看一看，但除了蜘蛛那闪着光的眼睛以外，什么也看不到。

狼蛛的洞是自己挖的，用的工具是那两颗毒牙。最开始的时候，洞都是笔直的，只是到了最后才开始变弯。整个洞深约一尺，宽约一寸。狼蛛还会在洞口前用稻草、废料、石子等筑起一面矮墙，看上去非常简陋。

当初我打算捉一只黑腹狼蛛回去研究，为了引它们出洞，我决定假扮自投罗网的动物。我用一根草棒在洞口晃动，同时嘴里嗡嗡地模仿着蜜蜂。没想到，它们非常机警——刚开始确实是往洞外爬了，可是快要出洞的时候，它们嗅出这是一个陷阱，根本没有什么猎物，于是停住脚步，向外观望。

假扮的不行，我只能捉只真的蜜蜂来做诱饵了。我找来一个瓶子，将蜜蜂放入其中，然后将瓶口对准黑腹狼蛛的洞口。瓶中的蜜蜂很暴躁，它显然不知道自己即将大祸临头。它在拼命地撞着瓶壁，想找一个逃出去的缺口。这个瓶子唯一的出口正对准黑腹狼蛛的洞口，蜜蜂不假思索地便一头飞进了狼蛛的洞。这简直就是飞蛾扑火、自取灭亡。我猜得一点儿都没错，不一会儿洞里就传来了蜜蜂的惨叫。原来洞里的黑腹狼蛛正在往外赶，没想到蜜蜂自己飞进了它的巢内，黑腹狼蛛毫不犹豫地攻击了蜜蜂。我原本计划用蜜蜂把狼蛛引出来，没想到蜜蜂自己跑了进去，简直是赔了夫人又折兵。我不能再等下去了，移开瓶口之后，我将一把钳子伸进洞中，摸索着往外掏。不一会儿我就把那只可怜的蜜蜂的尸体掏了出来。里面的黑腹狼蛛正在进餐，食物突然被我抢走，它气急败坏地冲出来向我讨要。我见它出洞以后，急忙用小石块堵死它的洞口，截断它的后路。它显然不知道我早已严阵以待，一时没有反应过来这是怎么回事。我趁它发蒙的时候，迅速用一根草棒将其拨进事先准备好的纸袋中。就这样，我的诱捕计划有惊无险地完成了。这只黑腹狼蛛被我带回了实验室，没过多久它就繁殖了一大群后代。

我在用蜜蜂诱引黑腹狼蛛的时候，还想看一下它是怎样猎食的。不过，由于蜜蜂冲进了洞中，等拖出来的时候已经死了，所以我没看到。我知道这种狼蛛不会像一些甲虫一样，吃自己母亲储备的食物，而是每天都要猎食，只吃新鲜的食物。每当见到新的猎物，它就立刻将其杀死，杀死后当即吃掉，非常残忍。

狼蛛猎食并不容易。很多看上去比它凶猛的昆虫都会飞进它的洞中，有全副武装的蚱蜢，也有带着毒刺的蜂。是敌人的武器厉害，还是黑腹狼蛛的毒牙厉害呢？毒牙像匕首，必须近距离搏击才能发挥威力。所以，它必须在敌人没有定神的时候立刻扑上去，把毒牙插进敌人的要害部位。如果没有刺中要害部位，敌人会死吗？我觉得虽然它的毒牙很厉害，但是还没有到这种地步。

狼蛛击败蜜蜂的故事我们已经在上面讲过了。但是，我觉得还不过瘾。我决定再找一个更有实力的昆虫去向它挑战，最后我挑选了木匠蜂。这种蜂看上去很威武，身上长着黑绒毛，翅膀上有紫色的条纹。最重要的是它有一根很厉害的刺，若是不小心被它刺到，会肿起一个大疙瘩，要好长时间才会消下去。我为什么对这根刺的威力这么了解呢？因为我就不幸被它刺到过。对黑腹狼蛛来说，这的确是一个难应付的对手。

我用的还是同一种方法，将几只木匠蜂装入透明的玻璃瓶子，然后把瓶口对准一个黑腹狼蛛的洞口。我知道洞里的黑腹狼蛛已经好几天没有吃东西了，这能大大提升它的作战欲望。木匠蜂对于这种狭小的空间很不适应，发出嗡嗡的声音。洞内的黑腹狼蛛被外面的动静惊动了，它慢慢地爬出洞口，了解形势。它只探出半个身体，看到眼前的情景也不敢贸然行动，双方就这样对峙着。我在一边耐心地观战。半个小时过去了，我期待的大战没有上演，而且黑腹狼蛛居然掉转方向，爬回了洞中。为什么会这样呢？是它太小心谨慎吗？我又去其他几个黑腹狼蛛的洞口试了一下，结果一样，它们对于眼前的美餐无动于衷，看来它们的戒备心很强。

皇天不负苦心人，最后我终于成功了。我遇到一只饿疯了的黑腹狼蛛，它不管不顾地就从洞中冲了出来，三下五除二就将强壮的木匠蜂放倒在地。我期待的大战在一瞬间就结束了，黑腹狼蛛的毒牙刺进了木匠蜂的脑后，木匠蜂立刻死去了。我对它的这一招佩服得五体投地。我发现它有一种本领，那就是一下子刺中对方的神经中枢，绝不会有丝毫偏差。

之后我又做了几次试验，发现狼蛛的作战手段都很相似，那就是迅速击中敌人要害，一击致命。它们每次作战前都做充分准备，不打无准备之仗。这就是为什么前几次狼蛛守在洞口不进攻的原因，它们没有准备好绝不会贸然进攻，尤其是面对比自己强大的敌人。若是失手，自己的命很可能就没了——若是狼蛛击中了木匠蜂，但击中的不是要害部位的话，木匠蜂的生命还能维持几个小时，这几个小时中木匠蜂很可能会攻击狼蛛。因此，没有好的进攻机会，狼蛛是绝不出手的。只有等到敌人把要害暴露在它的进攻范围之内的时候，它才会出击。

下面我们就来看一下，狼蛛的毒素到底有多毒。

有一只小麻雀刚刚长好毛，准备要出巢独立生活。我把它拿来当试验品，让狼蛛在它腿上咬了一口。伤口是红色的，还流了一滴血，不一会儿，伤口就变成紫色的了。这条被咬伤的腿像是被麻醉了一样，动弹不得。除了一条腿不听使唤以外，这只麻雀其他的部位看不出有什么变化。它还是蹦蹦跳跳的，哪儿都去，只不过是用一条腿。我的女儿因为它做了我的试验品而可怜它，喂它吃一些苍蝇和面包。它的胃口还不错，一点儿都没客气，全部吃了下去。看到它这样健康，我觉得用不了多久它就会痊愈，就可以自由地在天上飞翔了。没想到，两天之后它的情况急转直下，一点儿东西也不吃，羽毛也不再梳理，显得凌乱，身体蜷缩着，有时候一动不动，有时候一阵痉挛。我的女儿把它捧在手中，想给它一点儿温暖。可是最后，它还是离开了这个世界。

家里人因为这只小麻雀的死都对我抱有一股敌意，这一点，我从他们看我的目光中就能感觉到。他们觉得这只小麻雀本不会死，都怪我那个实验。我也感到很伤心，为了弄明白一个小小的问题，搭进去一条鲜活的生命，付出的代价真是太大了。

但我并没有停止我的实验，我这次选定的试验品是一只鼹鼠。这是我从田地里抓回来的，当时它正在大口大口地偷吃莴苣。这样一个小偷，就是死了也不可惜。自从把它抓回来之后，我就把它养在一个笼子里，每天都喂它鲜活的食物，已经把它喂得又肥又胖。现在，是它派上用场的时候了。

我让狼蛛去咬这只鼹鼠的鼻子。被咬后的鼹鼠不停地挠着鼻子，直到宽大的爪子把鼻子挠得血肉模糊。此后，这只鼹鼠便行动迟缓、食欲不振，几乎不再吃任何东西。到了第二天，它已经躺在那里一动不动，不再进食了，我看得出，它非常难受。最终，它的结局同那只小麻雀一样。它死的时候，距离被咬仅过了三十六小时。它应该是被毒死的，不是被饿死的，因为笼子里面还有大量的食物没有吃。

狼蛛的毒素有多毒，现在我们已经有了大致的认识。不仅是小昆虫，就连小麻雀和大一点的鼹鼠都能被毒死。鼹鼠死后我便再没有做类似的实验，我觉得已经没有必要了，能毒死麻雀和鼹鼠就足以让我们对它们保持警惕了。我们千万要小心，不能让它们咬到，不能做它们的试验品。

同狼蛛一样，黄蜂也喜欢将猎物麻醉。现在，就让我们将黄蜂和狼蛛对比一下，看看它们之间有什么异同。相同之处是，它们都喜欢用毒刺去刺对方的神经中枢；不同之处是，狼蛛为了方便食用，会让对方立刻死去，所以它刺的是对方头部的神经中枢，而黄蜂捕食是为了给幼虫当食物，为了保持新鲜，不能把它刺死，所以，它刺的是对方其他部位的神经中枢。

它们会根据自己的需要选择对待敌人的办法，这一点不用学，它们生来便懂得。这也使我觉得，世界上有一位统领万物的神，它主宰着一切生灵，赐不同的动物以不同的技能。这其中当然也包括人类。

我在实验室里养了几只狼蛛，它们被我安置在泥盆中。我经常观察它们，见过许多它们猎食时的场面。它们把强壮的身体藏在洞中，只露出半个脑袋，眼睛四下观望，非常警觉。为了能够随时跃起，扑向猎物，它们把腿缩在一起。这种姿势它们一保持就是几个小时，以便耐心地等待猎物经过。

即使大半天都没有什么收获，但是只要有机会降临，它就能把握住。无论是蝗虫、蜻蜓，还是什么其他昆虫，只要它们从洞口经过，守候已久的狼蛛便迅速窜出来，跳到对方身上，同时用毒牙狠狠地扎在对方的要害上。整个动作一气呵成，一瞬间结束战斗。那些倒霉的过路者，还没明白怎么回事，就被击倒在地，成了别人的美餐。狼蛛站在倒下的猎物旁，显得很得意。稍后，它将这顿大餐拖回洞中慢慢享用。它的捕食技巧是如此高超，身手如此敏捷，让人叹为观止。

我们说过狼蛛不会轻易冒险。如果猎物离它挺近，它便会一下子跳到对方的身上。如果猎物离它距离很远，它宁愿放弃，也不会贸然行动，更不会追着猎物不放。它是那种一击致命的杀手，并不擅长鏖（áo）战[1]。

从狼蛛的捕食可以看出，它是一种非常理性的动物。它不像条纹蜘蛛一样，可以借助网捕食，因此，只得耐心地在洞口守候。很多昆虫都没有耐心、没有恒心，但是狼蛛明白，机会只给有准备的人，如果自己没有耐心、没有恒心，恐怕早就饿死了。这块土地上生活着各种昆虫，数量繁多，总有一些会经过它的洞口。所以说，狼蛛的机会还是很多的。它只需要耐心地等待着机会降临，然后将其把握住。

即使是长时间没有收获地等待，狼蛛也不会被饥饿困扰。因为它有一个特殊的胃，这个胃非常节制，能使它长时间不进食还不会感觉饥饿。我就经常忘记给实验室中的狼蛛喂食，有时候会长达一周的时间。但是，它们看上去并不憔悴，还是那样精神，只不过变得有点贪婪而已。

狼蛛年幼的时候身体是灰色的，还没有黑色的绒毛，那是成熟狼蛛特有的标志。那时的狼蛛并不是用成熟狼蛛的办法狩猎，因为它们还没有洞可以躲藏。它们整日在草丛中游荡，过着流浪的生活，让人觉得，那才是真正的打猎。如果它们发现猎物，便上前将其从巢中赶出来。这些昆虫见了狼蛛，吓得拼命逃跑，可是已经晚了，小狼蛛一下跳到猎物身上，将其杀死。

我实验室中的小狼蛛经常捕食苍蝇，它们那敏捷的动作我非常欣赏。它们猛然一跃，便能将停在两寸高的草上的苍蝇扑住，让人感觉跟猫捉老鼠一样。

小时候的狼蛛给人感觉要灵敏得多，也非常活泼，经常做出一些匪

---

[1] 鏖战：激烈地战斗。

夷所思的动作，给你一个惊喜。之所以如此，是因为它们的身体还很轻。等它们成年以后，肚子里有了卵，便收敛多了。到那时，它们就给自己挖一个洞，整日守在洞口，等待猎物送上门来。这便是成年狼蛛的狩猎方式。

狼蛛看上去很凶残，但那是对待猎物。如果你见过它是如何爱护自己的家庭，你对它的印象可能会有所改变。

八月的一个清晨，我在散步的时候发现了一只正在织网的狼蛛。它在地上织了一张很粗糙的网，有手掌大小，虽然样子不美观，但是很坚固。这是它打的地基，是将巢与沙地隔开用的。它在地基上面用最好的白丝织出一个小块，大小、形状都像一枚硬币。接下来，它不断地将这个小块边缘加厚，直至形成一个碗的形状，并将一条又宽又平的"丝带"围在碗的周边。狼蛛会将卵产在其中，并用丝织一个盖子盖在上面。从外面看去，就像一块地毯上放着一个圆球。

工作还没有结束，狼蛛把地基上面的丝一根根抽去，将地基的周边向中间围拢，盖在中间的圆球上面。这样，铺在底下的网就把上面的球包住了。然后，它把里面装着卵的球使劲地往外拉，拉出一半，只剩下半部分被网裹住，让上半部分露在外面，因为到时候小狼蛛要从上面出来。这是一项非常耗体力的工作，狼蛛往往要将牙齿和大腿同时用上，忙大半天才能完成。

装着卵的这些圆球是用白丝织成的，摸上去非常柔软。你会在圆球的中间地带发现一圈折痕——这个地带非常坚固，即使你用针去捅，也捅不破——这圈折痕就是原先铺在下面的那张网的边缘。圆球顶端除了母狼蛛织的丝盖以外，没有别的保护措施。圆球内部也没有什么保温措施，只有卵。不像条纹蜘蛛的巢内那样，铺着许多柔软的绒毛。是狼蛛的卵不怕严寒吗？不是的，它们会赶在冬季来临之前就孵化出来。

编制这个圆球，母蛛用了整整一早上的时间，中间一点儿休息也没有。等工作结束后，母蛛才稍加休息。这个圆球像宝贝一样被它抱在怀中。看到这里，我便离开了。等我第二天早上再去看的时候，这个小球已经被它挂在了身后，像是背了一个包袱一样。

在接下来的三个多星期里，无论是在外面散步，还是出入洞穴，甚至同敌人打斗的时候，它都从来没有将这个包袱放下过。如果这个包袱不小心从它背上掉下来，它会立刻发疯似的冲上去，将其抱在怀中，看到周边没有危险后，再迅速地将它挂在身后的丝囊上，匆匆离开。如果有敌人想抢它的宝贝，一般都不会有好下场。

再有几天夏季就要结束了。狼蛛每天都会在大地被太阳晒得发热的时候爬出洞口，静静地沐浴阳光。狼蛛现在晒太阳的姿势跟以前截然不同。以前狼蛛都是前半身探出洞外，后半身留在洞里，这个姿势是为了使太阳照在它的眼睛上；而现在，狼蛛前半身冲着洞里，将后半身露在洞外。它现在晒太阳已经不是为了自己，那个装着卵的小球被它用后腿举在空中，轻轻地转动着，以保证每一部分都能被晒到。这个姿势从上午一直保持到傍晚太阳落山的时候。在接下来的二十多天内，也每天都会如此。这样的母爱，这样的耐心令人感动。狼蛛把卵放在太阳底下晒是想吸取太阳的热量，就像鸟类会用自己的胸脯给予鸟蛋热量一样。

狼蛛的卵会在九月初的时候孵化出来。到时候圆球会沿着中间的折痕地带裂开，为什么会裂开呢？是吸收了太阳的热量自己裂开的，还是狼蛛感觉到了自己的幼虫在巢内的动静之后将它打开的？都有可能。这让我们想起了条纹蜘蛛的巢，条纹蜘蛛出生的时候母亲已经死了，它们只能等到巢像成熟的果实一样，自己裂开。

狼蛛裂开的巢内一下子涌出二百多只小狼蛛，它们紧紧地挤在母亲的背上，由此可见它们有多小，从远处看，感觉狼蛛跟背着一块枯树皮一样。小狼蛛孵化出来以后，那个圆球就没用了，被当作垃圾扔到了一边。

尽管很拥挤，但是这些小狼蛛都很安静，乖乖在母亲的身上趴着。这是一种很奇怪的现象，它们这是想要干什么呢？为什么不下来自己走路？它们的母亲一点儿也不嫌麻烦，无论是在洞内，还是到洞外，都会背着自己这二百多个孩子。在换季之前，它们是不会下来的。

　　那么，这些小家伙吃什么呢？直到它们从母亲的背上下来，我都没有看到它们长大，和刚从卵中出来的时候完全一样。我由此断定，它们在母亲背上的时候什么东西都没吃。

　　这时的狼蛛母亲吃得也很少。我偶尔拿蝗虫去喂它，它也不是像以前那样立刻扑上去，而是等很久才慢慢开口——胃口可能与季节有关系吧。不过，为了维持生命，它不得不出来捕食，但就连捕食的时候，它也要背着孩子。

　　到了三月，我去探望洞中的狼蛛。它们的洞经过了雨水、风雪的侵蚀，已经有点破败，可是它们还是那么精神，两只眼睛炯炯有神。小狼蛛们还趴在母亲的背上，这样算来，它们已经在母亲身上待了五六个月了。鼹鼠被称为美洲背负专家，不过，它只是把孩子在身上背几个星期而已，比起狼蛛差远了。

　　被母亲背着出去并不是一件好玩的事，因为它们随时有掉到地上的危险——有时候是因为太颠簸，有时候是不小心被草叶拨到。母蛛要照顾的孩子实在是太多了，它是绝不会为那些掉下去的小狼蛛劳神费力的。它不会出手相助，但是它会等待，等待那些小狼蛛自己解决问题，自己爬上来。对于小狼蛛来说，这并不是多大的困难，它们会迅速、利落地爬回母亲的背上。

　　我做过这样的实验，用一支笔把一些小狼蛛从它们母亲的背上戳下来。母蛛像是没有发觉一样继续前行，没受半点影响。那些落地的小狼蛛迅速地去追赶母蛛，追上以后便攀住母蛛的腿，然后顺着腿向上爬，一直爬到母亲背上。难怪母蛛不怎么照顾它们，原来它们早已懂得照顾自己。

小狼蛛将会在母蛛身上待七个月。我原先以为，母蛛在进食的时候会邀请它的孩子一起吃，或者分一点给孩子们。那段时间我总是在观察母蛛，我想看一下它把食物分给孩子时的情景。母蛛一般喜欢将猎物拖回洞里去吃，偶尔也会在外面进食，就跟人们偶尔会出去野餐一样。我只有等到它野餐的时候才有机会观察它的进食。一次，它在进食时被我撞到，我看到了下面的情形：母亲在下面享受着美餐，而背上的小狼蛛一点儿反应都没有，仿佛这些东西在它们眼中没有一点儿诱惑力。看来母亲是了解自己孩子的，没有半点推让，自己把食物全吃完了。我怀疑小狼蛛还不知道"吃东西"这个概念，它们不明白母亲在那里狼吞虎咽的是在干什么。

那么，这七个月里面它们靠什么生存呢？你们可能会猜测：既然它们一刻也不会从母亲的背上下来，那么营养一定来自母亲身上。据我观察，并不是这样。因为它们只是静静地待着，从来没见它们把嘴巴插进母亲身上吮吸，而母蛛也并没有被榨取后的那种衰老、瘦削，甚至还比以前胖了，精神也和以前一样充足。

那么，维持这些小狼蛛生命的营养到底是从哪儿来的呢？是在卵中的时候储蓄的吗？应该不是，卵中的营养微乎其微。这么说，这些小狼蛛身上藏着一股神秘的力量。

如果它们待在一个地方一动不动，我很容易就能理解它们为什么不需要食物，就跟有的动物冬眠时一样，身体不动就意味着生命暂时停止。但是这些小狼蛛并非不动，它们在母亲的背上摩拳擦掌，跃跃欲试，随时准备着陆。如果不小心从这个超级育婴车上掉下来，它们还会麻利地爬上去；为了保持平衡，能稳稳地待在原地，它们还需要把小肢伸直，搭在旁边的同伴身上。看来，它们不吃东西并不是因为静止不动。

机器在运转的过程中，上面的零件会受到磨损。动物也一样，运动的时候，身上的肌肉和其他每一部分都在不停地消耗着能量。机器磨损了就要维修、更新，动物运动后也需要补充能量。动物的身体就好像火车头，火车头要走不但需要活塞、杠杆、车轮以及蒸汽导管等各个部分紧密合作，更重要的是要往火炉中加煤。动物也一样，必须补充能量才能继续活动。

小狼蛛的个头在离开母亲的身体之前一直保持不变，刚出生的它们和七个月后的它们看上去是一个样。个头没长说明它们没有吸取任何营养，但是它们是运动的，这又说明它们补充过能量。那么是什么给它们补充的能量呢？

让我们再看一看火车头，它的能量来自何处？来自煤。煤是什么？煤是亿万年前埋在地下的树木。树木的枝干和叶子肯定吸收并储存了阳光的能量，火车头吸收了煤提供的能量，也就是吸收了太阳的能量。

动物也是如此，无论是食肉动物，还是食草动物，大家吸收的能量最终都来自太阳。无论是植物的枝干、果实，还是种子，里面都储藏着太阳的能量。太阳是万物的源泉，是宇宙的统领，没有太阳就没有一切生命，当然也就没有人类。

太阳的能量进入动物体内，除了通过食物的途径，还有没有其他方法呢？比如说，直接射入体内，直接被肌肤吸收，就像是太阳能一样，这种方法行得通吗？

关于这个问题，化学家给出了答案。未来，人工制品可能会代替粮食，田地将被工厂和实验室取代。化学家会利用精密的仪器，配置出含有各种能量的人工制品。这些制品被注射到我们身体中，或者像药一样被吃下去，给我们提供能量。这样，我们就可以不用靠吃东西来维持生命了。到时候，我们不再通过食物吸收太阳的能量，而是将这些能量直接吸收到体内。

这只是一个构想，不过应该挺有趣。这个梦想能实现吗？这个目标要交给科学家们去实现。

三月底的时候，小狼蛛要与母亲告别了。母蛛经常蹲在洞口的矮墙上，看上去有点惆怅，毕竟母子一场。不过，它早就料到会有这一天，所以任凭子女离去，没有任何挽留。从此，它们便形同陌路。

它们举行离别仪式的那天天气非常好。在下午天气最热的时候，小狼蛛们三三两两地从母亲的背上爬下。它们的动作是那样利索，看不出对母亲的身体有任何眷恋。它们在地上转了一会儿之后，便像认准目标一样，迅速地爬到了实验室中的那些架子上。在这方面，它们与母蛛的习性正好相反。它们的母亲喜欢住在地下的洞中，而它们，却喜欢爬到高处。

爬到最顶端之后，它们一边吐着丝，一边把腿伸向空中乱蹬。我明白了这个动作的含义，它们还想继续往上爬。我满足了它们的要求，在架子顶端插上了一根树枝。不一会儿，它们又爬到了树枝的顶端。它们放出丝，在树枝顶端与其他高处之间搭起一座吊桥。小狼蛛们在吊桥上来来回回地忙碌着，一副不满足的样子，它们还想再往上攀登。

这次我选择了一根芦梗插了上去，芦梗的顶端还分出几根细枝。那些迫不及待的小狼蛛一口气爬到了树枝的末梢。在那里，它们又开始用丝搭吊桥，玩得非常高兴。这次它们吐出的丝格外轻、格外细，仿佛一阵清风就能将其吹走，若不是太阳光正好照在上面，根本就看不到。小狼蛛就在这样若隐若现的丝上面走着，摇摇晃晃的像跳舞一样。

忽然一阵微风吹来，这些细丝便被吹断了，小狼蛛紧紧抱着断掉的那一头，飘荡在空中。这阵风若是很轻的话，它们就被吹落到近处；若是风大的话，它们就可能被吹到远处的陌生地方，无论在哪里，它们都会开始新生活。

连续好多天，它们干的都是同样的事情。只有下雨天能让它们休息一下，因为它们的能量是太阳供给的。没有阳光，它们便没有精神干任何事情。

就这样，昔日的大家庭解散了，家庭成员也一个个地飘向了远方。孩子们都走后，母蛛一下子清闲了下来。它并没有觉得孤单，反而更加有精神，这可能是因为压在它背上的负担突然消失了吧。一个好身体、一副好精神对狼蛛来说至关重要，因为它们的生命会持续好几年。

对比小狼蛛和成年狼蛛我们可以知道，有一种本能是只在它们年幼的时候拥有的，那就是登高。母蛛并不知道自己的孩子有这样的本领，因为它们登高是在离开母亲的身体以后发生的事情。这些小狼蛛呢？等它们被吹散到各地，经过一段漂泊的生活之后，便开始挖洞，也从来没想过要再去攀登什么。

人类有飞机，有汽车，有各种交通工具，但是狼蛛没有，它们要想到达远处，就得借助大自然的力量。于是，它们攀登到高处，吐出细丝做交通工具，借助风做动力。等到达目的地之后，它们开始了新生活，也就忘记了旅行的过程，忘记了自己曾经是攀登高手。

第二十章 蛛网的建筑

蜘蛛是一种很常见的昆虫，无论是路边还是花园中，都可以看到它们的身影。

傍晚的时候，很多人喜欢出来散步。这时如果你注意观察一下路边的灌木和草丛的话，就会发现许多蜘蛛留下的痕迹。若不是遇到紧急情况，蜘蛛的爬行速度一般很慢。我们可以找个地方坐下，慢慢地欣赏它们活动。世界上像我这样的人不多，因为观察蜘蛛确实不能为你带来什么。但是我从中体会到了乐趣，学到了知识，让我感觉这是一件很有意思的事情。

我喜欢去观察那些小蜘蛛，因为它们是在白天工作，不像它们的母亲，都是晚上纺织。每年的某几个月份中，这些小蜘蛛都会在下午接近黄昏的时候开始工作，大约工作两个小时之后，天就完全黑下来了。

小蛛们兴奋地从洞中爬出来，它们已经在居所里待了一整天了。它们工作的时候互不打扰，都待在各自的地盘上。这个时候，哪只小蜘蛛都可以是你观察的对象。

我选择了一只正在打"地基"的小蜘蛛作为观察对象。它非常忙碌，在迷迭香的花丛枝杈上爬来爬去。它的活动范围一般不超过十八寸，再远的地方它就无能为力了。它的丝是用后腿从身上拉出来的，不是我们想象中从口中吐出的。它的后腿跟梳子似的，非常适合干这种工作。这些丝的一端被固定住，然后蜘蛛一边拉丝，一边在活动范围内无规则地乱爬。在它不停的忙碌下，一个丝架子被它制好了。这个丝架的结构很不规则，上面的丝纵横交错。不过，这种结构使得这个丝架非常牢固。这个垂直的、扁平状的丝架就是我们上面说的"地基"。

最后，它将一根丝横穿过地基。这根丝非常细，它不是普通的丝，没有它"地基"就不可能牢固。

"地基"打好了，接下来它要开始做网。它从横穿地基的那根丝的中间开始往外爬，爬到丝架边缘之后再原路返回；然后再向另一个方向爬，然后再返回。就这样，它一会儿向上，一会儿向下，一会儿向左，一会儿向右。在这个过程中它的速度非常快，一根根丝被它拉了出来，看上去就像是车轮上的辐条，不过没有辐条那样整齐规则。

如果没有看过它的工作过程，谁都以为它是按顺序织出的这些辐条，因为完工后的网非常整齐、非常规则。其实不是这样的，它在制作这些辐条的时候很随意，从一个方向回来之后，不假思索地又奔向了另一个方向。尽管没有按次序，但它会很微妙地控制平衡，不会让人感觉某一个方向的辐条特别密集，而另一个方向的特别稀疏。它这样做是有它的道理的，如果不向几个方向一起织的话，这个网的重心就会转移，网就会被扭曲。它要时刻保持这个网的平衡。

蜘蛛就是这样没有章法地工作，但是最后却能织出整齐规则的网，这不能不说是一个奇迹。乱忙一通之后，辐条之间的距离竟然会相等，显得非常均匀。这些辐条共同构成了一个规则的圆。不同种类的蜘蛛织出的网不一样，上面的辐条数也会不同。比如说角蛛，它的网上有二十一根辐条；条纹蜘蛛有三十二根；丝光蛛的还要多，有四十二根。这个数目也不是绝对的，偶尔会多一根或者少一根，但是基本上是不变的。

有时候，你光凭蜘蛛网就能辨别出它的主人是哪一类蜘蛛。

它没有使用任何仪器，也没有借助任何工具，甚至都没有经过练习，但是它能将一个圆完整等分。除了蜘蛛以外，应该没有动物能做到。它甚至都没有一个安定的工作环境，它工作的时候要背着一个大背包，里面装满了它需要的丝；脚下的丝也颤颤巍巍，在风中不停地摇摆。这样的工作环境根本不容它多加思考，它只能迅速、随意地从圆心出发，向各个方向奔波。它的工作方法杂乱无章，从中看不出任何几何原理，但它就是用这种不按套路的方法取得了有规则的成果。我总会感觉它是在误打误撞，但是每次结果出来之后，我都不得不心服口服。它是如何做到的呢？我至今没搞明白。

辐条都织好了，下一步就是从圆心开始搭着这些辐条织出螺旋形的圆圈。这是一项非常精致的工作，要求比较高。原先辐条之间并没有连接，它现在要用一种比较细的丝把相邻的辐条都连接起来，这些丝不断地在辐条上面绕着圆圈，最终形成了一张网。越是往外沿绕去，用的丝就越粗，因为那里需要承受的重量更大，而且圈与圈之间的距离也越拉越大。等绕完最外面一圈的时候，这张网就初具规模了。

在蜘蛛的网中我们只会发现直线和折线，不会发现曲线。辐条之间的链接围成了一个圈，但它并不是一个精准的圆。

这张网到现在还没有完工，蜘蛛还要从外沿向圆心绕圈。这次的工作比上一次要精致，绕的圈更密，圈数自然也就更多。

它在绕圈的时候动作很快，让人根本看不清楚，只觉得眼花缭乱。我们只看到蜘蛛在那里跳跃和扭动身躯，如果想知道它具体是如何工作的，就需要把它的动作放慢分解。它工作的过程是这样的：一条腿负责抽丝，然后把抽出的丝绞到另外一条腿上，另外一条腿就会把丝在辐条上轻轻一按。蜘蛛的丝是有黏性的，所以很容易就粘在了上面。就这样，它的丝一直从外沿绕到圆心。

有两种蜘蛛会在自己的网上打上标记，它们就是条纹蛛和丝光蛛。这个标记是一条锯齿形的丝带，一般会织在网的下部边缘。有时候它们还会在网的上部边缘也织一个，以表明自己对这张网有绝对的所有权。

在同一张蜘蛛网中可能会有好几种丝，做辐条用的丝与绕在辐条上围成圈的丝就不同。后者看上去像是一条丝带，拿到太阳底下看还会闪闪发光。我用放大镜仔细观察了这种丝，结果让我非常震惊。

这种丝非常细，细得让人经常将它忽略。但是我在显微镜下发现，这居然不是一根丝，而是由几根更细的丝缠在一起编成的。更令人不敢相信的是，这几根丝都是空心的。有一种黏液藏在这些空心里，这些浓厚的黏液有时候会从丝端滴下来。蜘蛛的丝之所以有黏性，靠的就是这些黏液。为了测试这些黏液的黏性，我做了一个小实验：我取来了一片叶子，轻轻地去碰这张网，结果一下子就被粘住了。蜘蛛捕食主要靠的就是网的黏性，只要碰到了这张网，没有哪种昆虫逃脱得了。一个新的问题出来了：蜘蛛的网能粘住植物，也能粘住昆虫，那为什么粘不住它自己呢？

蜘蛛大部分时间都是坐在网中央，我起初认为它不会被自己的网粘住是因为那里的丝没有黏性。这是一种很勉强的说法，因为它不可能总坐在网中央。如果有猎物撞到网上，无论是在中央还是边缘，蜘蛛都得过去吐丝，将其缠住。那么，这个时候蜘蛛怎样避免自己被粘住呢？难道它的脚上抹了油，或者是跟油差不多的东西吗？

为了得到答案，我不得不牺牲一只蜘蛛。我将它的一条腿切下来，并泡在二硫化碳中。一个小时之后，我用一把小刷子沾着二硫化碳，将这条蜘蛛腿仔细地刷了一遍。之所以要用二硫化碳，是因为它能溶解脂肪类的东西，包括蜘蛛腿上的油——如果真的有的话。现在我们将这条清洗过的蜘蛛腿放到蜘蛛网上，结果这条腿被牢牢粘住了！这说明蜘蛛的腿上和身体上确实是有一种特别的东西，来保护它们不被自己的网粘住。但是这种特殊的物质是有限的，为了避免浪费，它们便很少活动，所以它们总是停留在黏性较小的网中央。

我们还从实验中得知了一个关于蜘蛛网的秘密：在辐条上绕成圈的那些细丝有很好的吸水性。这样一来，即使是在炎热的夏季，丝网也能保持弹性和黏度，不会变得干燥。如果在织网过程中遇到潮湿天气，蜘蛛会立即停止在网上绕圈，这些细丝线吸收的水分是会饱和的，如果让它们吸收太多水分，以后就起不到解潮的作用了。无论是从技巧还是外形来看，蜘蛛的网都非常高超。尽管如此，这张网不过是用来捕捉那些没头脑的虫子罢了，真是有点屈才。

蜘蛛工作起来非常勤奋，一点儿都不比蜜蜂差。制造一个网需要的各种丝加起来得有几十码长，这些丝源源不断地从它们弱小的躯体里面扯出来。我观察过一只角蛛，它每天都要修补自己的网，一直持续了两个月。这么多的丝并没有将小蜘蛛的身体抽垮，丝也一直那么有弹性。

小小的蜘蛛太神奇了，它身上的好多疑问至今我都百思不得其解。它为什么能产出那么多的丝？它是如何将几根细丝搓成一根粗丝的，又是如何把黏液装进丝的空心处的？它为什么能根据不同的需要吐出不同的丝？

第二十一章　蛛网上的电报线

圆蛛科是蜘蛛中的一类，条纹蜘蛛和丝光蜘蛛都属于这一科。这科中也只有它们这两种蜘蛛通常会待在网中央，即使是烈日当头也不肯到阴凉处歇一歇。至于其他的蜘蛛，白天连个影子都见不到。它们一般会选择白天休息，往往会在离网不远的地方，用丝线和树叶给自己卷一个隐蔽的场所，然后躲在其中。在那里它们一动也不动，你不知道它们是在睡觉，还是在思考。

对于蜘蛛们来说，这些网晚上被拿来当床，白天则是陷阱。阳光明媚时是最好的捕食时机。这样的天气中昆虫会异常活跃，总有一些没有头脑的昆虫撞到网上。这些昆虫中既有活泼好动的蝗虫，也有轻松快活的蜻蜓。无论是谁，只要触到这张网，躲在离网不远处的蜘蛛便会迅速跑过来。它们是怎么知道有昆虫撞到了网上的呢？它们明明在那里闭目养神。让我来揭开这个谜底。

它们并没有亲眼看到有猎物撞到网上，但是它们感觉到了网的振动。这才是它们能第一时间知道有鱼上钩的原因。这个说法是我通过实验得出来的结论。我找来一只蝗虫的尸体，把它们轻轻地放到了网上，尽量不要引起网的震动。不用说躲在远处的蜘蛛，就连在网上趴着的蜘蛛都没有发现网上多了什么东西。我把这具蝗虫的尸体向它们身边挪了一下，结果还是没有被发现。我怀疑这些蜘蛛都有严重的近视。

后来，我用一根草棒戳了一下蝗虫，网也跟着晃了起来。这时，无论是网中央的，还是躲在不远处的蜘蛛都飞速地跑了过来。接下去就是一贯的步骤：用丝将猎物包裹起来，然后吃掉。这就很清楚地表明，向蜘蛛传达敌人情报的是蛛网的震动，而不是其他的什么途径。

蜘蛛们又是如何感受到网的震动的呢？除了少数待在网上的蜘蛛以外，大部分蜘蛛都是待在网下的隐居地的。如果你仔细观察的话，就会发现一根连接网中心与蜘蛛隐居地的丝线。大部分蜘蛛的这根丝线有二十多寸长，具体长短要视蛛网与隐居地之间的距离而定。比如说角蛛，它们的这根丝线可以长达八九尺，这是因为它们和一般蜘蛛不一样，隐居在高树上。

这根丝线首先起着桥梁的作用，蜘蛛通过它可以直接从地上爬到网上，或者从网上返回到地上。当然，这不是这根线的唯一作用。要是单纯起到一个连接作用的话，这根丝线就没必要从网中央连到地上了，可以直接从网的边缘连到地上，这样一来，既省了丝线，也省了攀爬的时间。

这根丝线的另外一个作用就是传递信号，就像一根电报线那样。这也是为什么它非要连接在网中心的原因了。因为所有的辐条都在网中心交汇，这样，就不会忽略任何一根辐条上面发生的震动了。只要有猎物撞到蛛网上，无论是在蛛网的哪一部分，振动波首先顺着辐条传到网中心，然后再从网中心通过那根丝线传到地面上蜘蛛休息的地方。这样，即使是躲在高树上的角蛛，也能迅速得到有猎物的消息。

通过这种电报线接收情报是一项技术活，需要有足够的耐心。年轻的蜘蛛们耐不住性子，到处活动，自然接不到情报。而那些老蜘蛛们，它们看似是在闭目养神，或者是默默思考，但它们一刻也没有放松对电报线的留心，当远方传来情报时，它们一般都能接收到。

这种长时间的精神高度集中是非常费体力的。但是，如果一时疏忽，就可能错过网上传来的情报。为了节省体力，不那么辛苦，同时为了不放松对蛛网上的监视，蜘蛛们便把这根电报线搁在自己的腿上。这样的事情，我就亲眼见过。

一天，我偶然发现了一张角蛛的蛛网。这张网非常大，结在两棵相距一码的常青树间。当时太阳已经升起，丝网在阳光的照耀下闪闪发光。它的主人现在肯定藏在居所里，白天它是不会出来活动的，尤其是有太阳的时候。不过想要找到它很容易，只需顺着电报线寻到另一头。我就是用这种办法找到它的居所的，那是一个用枯叶和丝线织成的圆筒。角蛛把整个身体都塞了进去，由此可见这个居所很深。

它在居所里的时候是头冲下面，这种情况下，即使眼睛再好也不可能看到网上的情况，何况角蛛高度近视，连眼前的东西都看不清。难道它对蛛网上发生的事情就真的不管不问吗？让我们观察一下再说。

不一会儿，角蛛将后腿伸出了屋外，腿上分明系着一根丝线，这正是我要找到的它的那根电报线。原来它一直在默默地关注着蛛网上的动静，只不过不是用眼睛，而是脚。我不知道它等猎物等了多长时间了，我决定送它一顿美餐。我将一只蝗虫放到了它的网上。接下来发生的事情跟我想象的一样，蝗虫引起了网的振动，这股振动又通过电报线传到了角蛛的脚上，角蛛箭一般向蛛网上的猎物赶去。角蛛得到了食物，我则得到了知识和乐趣。我们对此都很满意。

有人会问，蛛网是挂在半空中的，微风吹来，网就会摇晃，蜘蛛是怎么区分这种风吹的摇晃和猎物造成的振动的？当风吹过蛛网的时候，蛛网随风颠簸，但是电报线另一端的蜘蛛毫无反应，该干吗干吗，该养神的还在养神，该沉思的还在沉思。对于这种假情报，对于风的这种玩笑和伎俩，它们一望便知，绝不上当。这就是蜘蛛的另一个无法解释的绝技，能用脚通过电报线辨别出昆虫和风所释放出的不同信号。